Dr. Noiseの『読む』音の本

環境騒音のはなし

公益社団法人
日本騒音制御工学会
［編］

末岡伸一
［著］

技報堂出版

書籍のコピー，スキャン，デジタル化等による複製は，
著作権法上での例外を除き禁じられています。

◎発刊にあたって

　公益社団法人日本騒音制御工学会図書出版部会では，これまで主に騒音や振動を専門とする方々に向けた書籍の編集・出版を行ってきました。しかしながら，もっと多くの人々に音や騒音，振動について興味を持っていただきたい，そしてそれが社会の音環境をよくすることにつながるはずと考え，このたび，

　　「Dr. Noise の『読む』音の本」

という新たなシリーズを刊行することとなりました。

　音にはさまざまな側面があります。騒音として多くの場合人から嫌われるものもあれば，私たちの生活になくてはならない音もあります。同じ音が，ある時は騒音でも，ある時ある人にとってはとても大切な音になることもあります。

　そんな音のことを，このシリーズではいろいろな視点から眺め，解説していきます。時にはマニアックな話も出てきますが，興味や関心を拡げる気持ちで読んでみていただきたいと思います。

　今回企画しているシリーズでは，音や振動の基礎についてわかりやすく解説するものを皮切りに，これまであまり一般書として採り上げられなかった内容や，音という視点からの解説がなされてこなかった分野を集め，なるべく具体的にわかりやすく紹介していきます。特に専門的な分野については，内容は同じでも書き方を変えるだけで多くの方々に興味を持っていただけることがたくさんあるのではないかという想いを持ち，誰にでも手に取っていただきやすい本を目指して執筆・編集しています。また専門家として考えると当たり前の事柄も，専門ではない人たちから見るととてもおもしろい出来事が世の中にはたくさんあるのではないか，という視点も大切にしていきたいと思います。

　このため，時には縦書きの読み物風のものになるかもしれませんし，ある時は横書きの多少数式なども出てくる本になるかもしれま

せん。わかりにくいところや少し専門的になるところは Dr. Noise
が解説します。こぼれ話のようなものは二人の助手が解説します。
　このシリーズが，皆様にとって音や振動の世界への入口になるこ
とを願っています。

　2014 年　晩秋

公益社団法人日本騒音制御工学会図書出版部会
第 19 期部会長　船 場　ひ さ お

公益社団法人日本騒音制御工学会図書出版部会名簿（第21期）

| 部会長 | 古賀 貴士 | 鹿島建設株式会社技術研究所 |
| 副部会長 | 落合 博明 | 一般財団法人小林理学研究所 |

委　員	井上 保雄	株式会社アイ・エヌ・シー・エンジニアリング
委　員	大内 孝子	株式会社建設環境研究所
委　員	緒方 正剛	独立行政法人交通安全環境研究所
委　員	倉片 憲治	早稲田大学
委　員	末岡 伸一	末岡技術士事務所
委　員	武田 真樹	千代田化工建設株式会社
委　員	安田 洋介	神奈川大学
委　員	森　卓支	合同会社モリノイズコントロールオフィス
委　員	山田 一郎	一般財団法人空港環境整備協会

『環境騒音のはなし』著者

末岡 伸一　　　　　　前 掲

◎はじめに

　この本では，騒音問題についてできるだけ平易な解説を心がけました。初めて騒音に関心をもっていただいた皆様に満足していただけたかは，心配でありますが，詳しいことは専門書をご覧いただきたく思います。

　最近の騒音に関する苦情をみると，いろいろな統計により公表されていますが，全体的には依然として増加しており，大きな環境問題であることに変りありません。時として軽くみられる騒音問題ですが，多数の人が悩んでいる課題であり，一層の取り組み強化が求められます。静穏な環境の創造は，環境を重視する我が国としての重要な課題であり，騒音政策の体系的な確立が国民の求めるところと考えられます。

　また，最近苦情の多い騒音問題はだれでも「被害者にも加害者」にもなり得る課題であります。いたずらに紛争を増加させないために，互いに心づかいに注意することも求められています。本書により騒音についての関心をもっていただき，少しでも住みやすいまちづくりにお役に立てば幸いに存じます。

　本書では，江戸時代の騒音問題が今に至るまでの歴史や，騒音を定量的に評価する方法，世の中にはどんな騒音があり，それらの問題に対してどのように解決していっているのか，そして，これから私たちはどのようなアクションをしていけばよいのかを執筆していただきました。どうぞあまりかしこまらずに，Dr. Noise，助手の静さん，騒太くんと一緒に考えてみてください。

　なお，著者の末岡伸一氏には，本学会活動において一貫して中心的な役割をはたしてこられ，図書出版部会においては，『読む』音の本シリーズ出版企画の推進を主導され，さらに本書執筆にも注力されましたが，昨年8月，本書の刊行を待たず不帰の客となられました。ここに心から哀悼の意を表します。

末岡氏は，長年，東京都環境技術研究所に奉職され，その間，とりわけ環境測定分析・評価に関する知識および技術の向上，普及には特別の情熱をもっておられました。また，よりよい環境の創造，維持を責務とする環境技術者として，熱意をもって後進の指導に当たられました。読者におかれましては，本書の随所，行間からそのことをお汲み取りいただければ幸いです。

2018 年　晩春

公益社団法人日本騒音制御工学会図書出版部会
第 21 期部会長　　古 賀 貴 士

◎目次

◎ 発刊にあたって iii

◎ は じ め に vii

第1章 騒音はいつから始まった 1

  1 騒音って，何だろう？ 1

  2 最初の騒音規制 2

  3 日本人の音への思い 3

  4 江戸時代の騒音規制 4

  5 文明開化と音への思い 6

  6 明治の騒音規制 8

  7 本格的な騒音規制 9

  8 公害対策の時代 12

第2章 騒音や音を理解するために 15

  1 音 波 と 音 15

  2 物理量と主観量 16

  3 騒音と噪音 17

  4 音 の 圧 力 18

  5 レベルの計算 19

  6 通常の生活で体験する音圧 20

  7 周波数と周波数重み付け特性 22

  8 音波の基本的な性質 26

  9 サウンドレベルメータ(騒音計)と騒音測定法 29

  10 人 と 騒 音 33

  11 騒音の評価量 35

第3章 いろいろな騒音 39

  1 航空機による騒音 39

  2 鉄道による騒音 44

  3 自動車による騒音 46

  4 建設作業による騒音 52

  5 営業にかかる騒音 55

x / 目次

　　　6　屋外で生じる騒音 57
　　　7　住宅設備などの騒音 59
　　　8　静穏地区での騒音 64
第4章　騒音問題の解決 67
　　　1　騒音関係の法令 67
　　　2　紛争や苦情に対する仕組み 76
　　　3　騒　音　対　策 80
第5章　良好な生活環境 85
　　　1　交通騒音問題 85
　　　2　生活騒音問題 85
　　　3　都市生活と心づかい 86
　　　4　騒音問題とまちづくり 87

　　　◎　お　わ　り　に 89

第1章　騒音はいつから始まった

1　騒音って，何だろう？

我々は，何も気にもせず「騒音」ということばを使っていますが，騒音とは何かについて明確に説明できる人は少ないと思われます。

　もちろん，行政上の解説としては，図に示すとおり「不快な音，または望ましくない音」が騒音とされており，このうち音量の大きいものが法律や条例で規制の対象にされています。

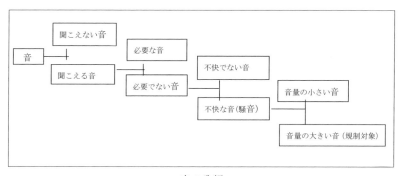

音の分類

　ただし細かくみると，騒音問題は感覚に係る生活環境の問題であり，人により不快の定義も異なっています。さらに，公害としてとり上げる騒音とは，人の行為により発生する音であり，動物や風など自然に生じる音は対象外といわれます。しかしながら，宅地開発で開業した駅前広場に樹木を植栽したところ，ムクドリが毎夜毎夜のねぐらに使い始めてうるさくなったことや，近所に建てられた電柱の電線から耳障りな音がするなど，人為的行為がもとになり騒音発生になっている場合も多く，人為的行為の範疇を決めるのが難しい例も多くあります。いずれにしても，時代により，地域により騒音の考え方は変るものでもあり，法令の規

> 一般に不快な音や望ましくない音が騒音ですが、基本的に人が作用した結果によるものです。

制が定められていない騒音も多数あり，明確に定義しづらい点に注意する必要があります。

　本書の表題は，環境騒音となっています。この環境騒音もいろいろと意見があり難しい点がありますが，ここでは広く苦情の生じている騒音について説明してみました。子供の遊ぶ声を楽しい情景と感じる人もいれば，うるさい騒音に感じる人もいます。大きな音量の野外コンサートに心酔している人もいれば，騒音以外の何者でもないと感じている人もいます。騒音問題の難しさは，このような感覚公害であり，日常生活に密接なことのために簡単に決着できないことにあります。

　さて，「騒」という字についてですが，どのように見えますか。たとえば，行政では，明治・大正時代は，噪音という言葉が専ら使われていました。その後，昭和に入ると，喧騒音や高音などの言葉も使用されましたが，第二次世界大戦後は，不快な音という意味で現在の騒音という言葉が一般的に使われるようになって来ました。騒音が広く使われるようになって，そんなに日時はたっていませんし，騒音にかかる技術開発もまだまだ不十分で，騒音問題を軽くみる人も少なからずおられるのが現状です。

2　最初の騒音規制

　ところで，騒音問題は昔からがあったのだろうか，気になるところです。もっとも，現在のように測定機器が整備され，情報や法令が整理されていたわけでないのですから，十分な資料はもちろんありません。

　文献に残っている最初の騒音規制はどこかといえば，ギリシャの植民都市シバリスとされています。古代ギリシャ人は，周辺地域に植民都市をつくって定着していきました。そのひとつであるシバリスは，紀元前700年ごろにイタリア半島南部のクラティス河口に開かれた都市で，当時のイタリア内では，もっとも富め

る植民都市であったといわれています。この都市では、会話を妨害し、睡眠を妨げるおそれのある騒音として、市内での金属の加工作業とニワトリを飼うことを禁じる法令があったといわれています。最初の騒音規制が、産業騒音と生活関連の騒音ということは、現在にも通じるものがあり興味深いところです。

3 日本人の音への思い

　つぎに、日本における騒音問題を考えてみましょう。騒音は、基本的には都市における問題が中心ですから、本格的な都市生活が始まった江戸時代までは、資料に残る事例は少なかったと思われます。

　そこで、ギリシャからは、ずっと時代が下がりますが、世界一の大都市である江戸が形成された江戸時代の人々の音への思いを考えて見ます。

　田中優子は、著書「江戸の音」のなかで「ひとから聞いた話では、ヨーロッパ人は虫の声を聴くなどということは、考えられないことで、しかも、音楽を聴くのと同じように聴くということは、想像もできないらしい。けれども、私たちの感覚のなかでは、こうしたことは、わりとあたりまえのようになってしまっている。・・・」と述べています。

　日本人と欧米の人との間には、音に対する感覚の相違があることを指摘しており、江戸時代では、なおさらと思えます。

　よく例に出されるのですが、芭蕉の「閑さや岩にしみ入る蝉の声」という俳句は、日本人的感覚をよく表しており、蝉の激しい声をもって静かな情景を表しているのだとされています。筆者が以前に騒音計を使って蝉の声を測定した例でいえば、70～80 dB にも達しており、これは地下鉄の車内騒音に相当する高いレベルでした。

ラフカディオ・ハーン

日本人の音に対する感覚は、欧米と異なる点があると言われています。

しかしながら，夏の風物詩と感じる日本人が大勢を占めるためか，蝉の声が県や市で騒音苦情として大問題となっているとの話を聞いたことがありませんから，それなりに夏の風情として受け入れられているようです。音が，単に物理的な量だけでは解釈できない性質のものであることを如実に示しています。

もっとも，日本のように蝉の声が身近に聞こえる地域は世界的には珍しいらしく，多くの外国人が日本の蝉の声には非常に驚くと聞いています。たとえば，かのラフカディオ・ハーン(小泉八雲)のように日本の夏の表情をある種の親しみを込めて描いている人でも，エッセイの「蝉」のなかでは「あまりうるさいため，苦痛の一つに思われているくらいである。」とも書いています。

4 江戸時代の騒音規制

話はもどりますが，当時の世界的大都市である江戸に暮らしながら，独特の音への感性をもった江戸の人々にとっては，長屋の生活音，職人の作業音，ニワトリの鳴声などは，規制する対象とはあまり認識されなかったようです。

江戸の夜間は，町々に木戸もあり，人糞を集める行為を夜に行ってはならないと

江戸時代は、現代と違って静かであったようで、夜中に出歩いたり騒いだりする事はなかったようじゃ。

江戸の長屋

町触もされており，車を引いて街路を通る者はいなかったと考えられます。もっとも，以前に浮世絵の中に木戸がきちんと閉められた絵がほとんどないという記述をみましたが，木戸を閉めるまでもなく，夜の町内は，深々と静かで安全であったと想像されます。

ただし，喧嘩（けんか）による騒擾（そうじょう）については危険でもあり，江戸の人々も相当困っていたと思われます。「火事と喧嘩は江戸の華」といわれますが，市中の喧嘩騒擾には，幕府も相当頭をいためていたようです。しばしば「喧嘩」にかかる町触が出されており，文化 13 年 7 月には「喧嘩騒擾制止町触」なども出され，慶安元年 2 月には，「御奉行所　廿八日癸亥江戸市中取締令ヲ布ク」として「市中取締令」まで定められていました。

江戸時代には街灯もないため，大店の並ぶ日本橋界隈でも，昼間の混雑とは程遠いほど不気味な深い闇と静寂の中にあったといわれています。このような江戸市中の夜は，音一つなく，明け六つの鐘の音と豆腐売りの声が聞こえ，人々の 1 日の活動が始まるまでは静かな町でした。

騒ぐ人

　最近,「静けさの効用」として,しんしんと静穏な街を子供時代に経験していないのは,人格形成においていかがなものか,との議論もあり,静けさの効用を見直すべきだと考えられており,静穏の維持は新たな課題になりつつあります。
　なお,江戸時代の幕府法は,当事者処分主義ないし自律主義が基本であり,著しく公儀の利害に反しない限り,幕府は町人の自治に介入・統制しませんでした。「町人之儀に候得ば,奉行所より家事之儀迄委細に申渡候筋には有之間敷」(古類集)として,庶民の家制は,幕府法の外にあるとされました。目に余る喧嘩騒擾を除けば,町内ごとに自律自治で処理されており,比較的静かな町内が維持されていたと考えられます。
　長屋のご隠居さんなどが問題の解決にあたり,互いに迷惑をかけないように注意して,良好な生活環境が維持されていたと考えられます。最近の自己中心で無関心な都市生活とは,大きく異なっています。

5　文明開化と音への思い

　江戸は,徳川時代を通じて治安が非常に良く住みやすい都市であったようですが,明治維新後の治安状況は一変し,相当混乱していました。最大時には,130

日本人は、昔からお酒を飲んで大騒ぎをしていたんですね。

万人を数えた江戸の人口も，60万人程度にまで減少し，各地に戻った大名等の屋敷跡は，盗賊のすみかとなり，荒れるにまかされたと伝えられています。その後，明治4年に3000人の邏卒（らそつ）制度が設けられて，ようやく東京の治安が改善され出したと伝えられています。

　さらに，明治維新とともに，多くの事物が西欧から一斉に流入してきました。そこで物理学的理解から，西欧流に音を楽音と噪音に区分することが行われるようになりました。音響的に複雑で不規則な雑音を意味していた噪音が，「不快な音」を意味する言葉として使われることになりました。ところで，内藤高「明治の音：西洋人が聴いた近代日本」の中では，明治10年に日本を訪れたイザベラ・バードの紀行文が引用され，「三味線，謡，能などに対して，神経を苛立たせる以外何物でもなく，宿屋における歌声，太鼓，甲高い声などの生活の中の騒音に悩まされていた。」と紹介しています。これが当時日本を訪れた西洋人一般の感覚として，それなりに明治政府にも伝わり，国としての対応を迫られたことが推察されます。

そんな姿を西洋人は理解できなかったようなんじゃ。

6 明治の騒音規制

　このようななかで，新政府は，外国人などに首都庶民の恥ずかしい状況を見せたくないとの思いから，明治5年11月付けで「違式詿違條例(いしきかいいじょうれい)」を定め，11月8日の東京府布達をもって施行させ，順次地方においても同様の違式詿違條例を施行させました。

　図に，京都で出版された庶民にわかりやすくつくられた「京都府違式詿違條例図解」(明治9年11月，西村兼文著)の表紙を示します。

　「違式」「詿違」とは，現代の我々には見慣れない漢字ですが，それぞれ「おきてにたがうこと」，「あやまって間違ったことをすること」の意味であり，江戸時代の「市中取締令」を受け継いだと思われます。新たに設置された番人制度と併せていわゆる「コラコラ」と警察官に呼びとめられる風紀の取締りが行われ，それなりに効果をあげていたと考えられます。

　違式罪は，春画販売，刺青，混浴，裸体等醜態，夜中の無灯火馬車などの罪，詿違罪は，暮六つ以降の荷車，住居前の掃除を怠る事，蓋なき糞桶の搬送，立小便などの罪であり，違式と詿違は，それぞれ有意と無意の違いであると解説されています。

　当初は，それぞれ笞(むち)打ちおよび拘留に処せられたが，長い間の習慣もあり，なかなか直らなかったようです。つい最近までは，住居前の掃除や立小便禁止などは庶民にとって当然の習慣となっていましたが，最近はどうでしょうか。

　違式詿違條例については，順次規定の追加が行われましたが，明治9年6月13日付太政官達により「詿違罪目ノ儀ハ東京警視廳ヘ委任候・・・」ということになりました。よって，太政官の指令に基づき内務省で行っていた詿違罪目の追加等は，警視庁，後の東京警視本署で行われるようになりました。そこで，外国に

最初の騒音の法規制は，外国人に恥ずかしくないように風紀を取り締まるものとして定められたのですね。

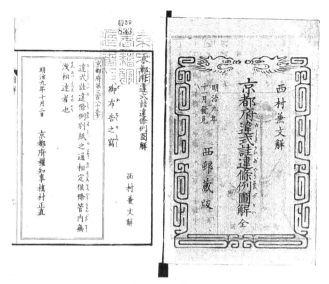

京都府違式詿違條例図解

恥ずかしくないようにとのことで，明治11年に，図に示す騒音に係る規定が，全国で初めて東京において追加されました。

```
甲第三拾六號
  詿違罪目左之通追加候條此旨布達候事
    明治十一年五月二日        大警視川路利長

    第七拾四條　街上ニ於テ高聲ニ唱歌スル者但歌舞營業ノ者ハ此限ニアラス
    第七拾五條　夜間十二時後歌舞音曲又ハ喧嘩シテ他ノ安眠ヲ妨クル者
```

騒音に係る規定の追加

　これが，近代的な意味での法令による最初の騒音規制と思われ，夜間12時以降の静穏維持を求めるという，きわめて具体的な規定となっていました。

7　本格的な騒音規制

　その後，近代国家としての発展に伴い，マナー規制である詿違罪目では不十分

な事態になり，産業による騒音が問題となり解決が求められるようになってきました。とくに，東京では，皇室関係の施設があることから，種々の騒音規制が考えられるようになってきました。これらの明治以来の騒音規制のうち，現在の公害防止法令につながるものを概観すると，①一般生活騒音にかかる規制，②工場事業場の規制，という大きな二つの流れがあります。

（1）一般生活騒音

　一般生活騒音については，我が国を近代的な国家に衣替えしたいとの明治政府の思いから，迷惑行為防止の視点で前述のとおり違式詿違條例により規制されていました。この條例は，その後旧刑法の違警罪に受け継がれ，さらに，内務省令の警察犯処罰令へと形を変えながら継続されました。しかし，大正から昭和に入ると，警察犯処罰令だけでは不十分として，東京などでは，別途の規則による取締りも開始されました。

　警察犯処罰令は，第二次世界大戦後は，民主的に衣替えされ「軽犯罪法」に受け継がれました。そこでは，静穏妨害罪というべき罪が「軽犯罪法」に規定されることになりました。ただし，「軽犯罪法」は，基本法的な性格を有しており，具体的な規制は，個別の法令が整備されるべきと当時の立法担当者も考えていたと想定されます。とくに，現実的に行政を担っていた地方公共団体では，マナー違反としての取締りでは限界がある事を踏まえて，いくつかの地方公共団体においては，独自の騒音規制条例が制定されるようになりました。

　これらの規制は，①拡声器騒音，②深夜騒音，③営業騒音，④自動車警笛音，などを対象としていましたが，その後制定された各都道府県の公害防止条例等にも取り込まれ，現在まで引き継がれています。このころから，騒音対策の推進と測定技術等の開発が重要なものとして考えられるようになってきました。

　とくに，戦後復興に伴い自動車騒音は著しいものがあり，警笛の防止が大きな課題であり，条例制定が進みました。警笛は，当時の主要車種であったクラウンにちなみクラクションと呼ばれていましたが，交差点でのクラクション騒音は相当であったといわれています。

（2）工場事業場の騒音

　産業騒音である工場事業場の騒音規制については，東京など大都市において，周囲への騒音影響を排除するとの観点で，明治初期から個別事業取締りや製造所取締りが，警察への出願と許可いう方式で実施されてきました。また，近代化で普及しだした蒸気機関についても，安全や周囲への影響から，これも出願という方法が採用され，騒音等について考慮して許可すべきとされました。現在の騒音規

制法等の届出，すなわち事前規制に通じる制度です。これらは，いずれも警察官が現地を確認して，騒音や振動の発生がないことを確認して許可し，さらに「‥毎月一回以上警部若クハ巡査ヲ派シ違則ノ行為ナキヤ否ヲ監査スヘシ」となっており，結構厳しいものでした。

なお，製造所については，明治39年7月19日の製造所其ノ他ニ關スル取締ノ件(警視廳令第47號)において一層整備された規則になり，違反に対しては，代表者，雇員等のほか法人にも罰則が適用されることになりました。

また，労働安全衛生や長時間労働の規制という意味から，国において工場の取締りが検討されていましたが，工場側の反対が強かったといわれています。ようやく明治44年(施行は大正5年)になり「工場法」が成立しましたが，騒音等について安全や周囲への影響を配慮することが明記されることになりました。

これら明治期からの規制は，第二次世界大戦の終結により多くの法令が失効しました。そこで，東京など大都市では，次に示すように，あらためて工場公害防止条例として工場事業場の公害取締りが開始されました。この条例は，名称からわかるとおり，いずれも工場等の設置を許可制とする事前規制であり，騒音の測定手法や評価手法についての技術開発が待たれました。これらにより，深刻化する公害の取締りが実施されましたが，この工場公害防止条例は，他の公害にかかる条例とともに公害防止条例へと統合されていきました。

交差点での騒音

製造所其ノ他ニ關スル取締ノ件

　第十一條　建物、器械ニシテ破損、朽腐シ又ハ震動、騷響其ノ他發生物ノ為危險若ハ妨害ノ虞アリト認ムルトキハ除害ノ裝置ヲ命シ又ハ其ノ建設物ノ使用ヲ停止シ若ハ廢止ヲ命スルコトアルヘシ

明治 39 年の製造所其ノ他ニ關スル取締ノ件

横浜市	騒音防止条例	昭和 28 年 8 月条例第 32 号
富士吉田市	騒音防止条例	昭和 28 年 8 月条例第 35 号
甲府市	騒音防止条例	昭和 28 年 10 月条例第 33 号
東京都	騒音防止に関する条例	昭和 29 年 1 月条例第 1 号
札幌市	騒音防止条例	昭和 29 年 2 月条例第 1 号
長野市	騒音防止に関する条例	昭和 29 年 7 月条例第 57 号
尼崎市	騒音防止条例	昭和 29 年 11 月条例第 14 号
京都市	騒音防止条例	昭和 29 年 12 月条例第 30 号

戦後の公害にかかる地方公共団体の条例

騒音の規制条例は、第二次世界大戦後に各地で一斉に制定されたんじゃ。騒音規制の歴史は、結構長いんじゃよ。

8　公害対策の時代

　戦後処理も終り高度成長時代に入ると，騒音など公害問題は，いよいよ大きな社会問題となり，国においても昭和 43 年に「公害対策基本法」が制定されました。この制定を受けて，「騒音規制法」も制定されることになりましたが，これは騒音問題が地域的な課題から全国的な課題へとなってきたことを受けての措置です。規制基準や手続の統一を図ることにより，騒音にかかる技術開発を推進し，

国としても責任をもって騒音問題に対処する体制になったといえます。

　我が国の公害対策は，昭和45年(1970年)の第64回臨時国会(公害国会)等において多くの公害対策法令の整備が行われ，それまで地方公共団体を中心に行われてきた公害規制等が，国として体系だって実施されることになりました。ようやく，騒音や振動など生活環境の改善についても，公害問題として人々の関心を集めるようになってきました。とくに，空港や軍用飛行場の航空機騒音は大きな社会問題になり，多くの訴訟が次々と起ってきました。

　これにより国や地方公共団体においては，公害担当組織の整備，専門職員の配置，救済制度の整備，事業者への補助制度，測定・分析体制の確立など官民をあげて公害対策が進められることになりました。なお，この時代的背景を受けて多くの専門職員が行政部門に配置されましたが，近年退職を迎えており，あらためて技術・知識のノウハウの継承が課題になっています。

　当初の「騒音規制法」では，①工場事業場騒音，②建設作業騒音，が規制対象であり，当時から大きな社会問題となりつつあった道路交通騒音，航空機騒音，鉄道騒音の交通騒音については，他の法律による規制体系と技術上の課題から，「騒音規制法」の対象外とされました。しかしながら，交通騒音への積極的な対応と公害対策の一層の充実を求める社会的要求の高まりに応えて，昭和45年の第64回臨時国会(公害国会)において，「騒音規制法」全般の見直しが実施されました。

　ここにおいて，公害対策を経済の発展に調和させながら実施するとの趣旨である「経済調和規定」の削除とともにもっとも大きな騒音問題として認識されていた「道路交通騒音の規制」についての追加などが行われました。

　その後も，時代にあわせて，いくつかの「騒音規制法」の改正が行われ，騒音に関係する他の法令等も合せて整備されることになり，我が国における騒音規制の法令体系がつくり上げられ，今日に至っています。

公害の時代になって，ようやく騒音も大気や水質と並んで大きな公害問題の一つとして認識されるようになったんですね。

第2章 騒音や音を理解するために

1 音波と音

　この章では，「騒音」に関する基礎知識を記述します。騒音や音の話となると，式や記号がたくさん出てきて，頭がいたくなる方も多いと思いますが，どうしても必要な最小の説明については，我慢して読んでいただきたく思います。

　まず，音波と音の違いを理解してください。

　音波とは，物理的な現象としての振動を意味しており，音とは，人間の感覚として認識されるものを意味しています。ただし，一般には，音波のことも音という場合が多く，少しやっかいです。この本でも音という用語も使っており，注意してください。整理すると，音波とは，空気などの弾性媒質中の粒子がその平衡位置を中心として行う運動のことであり，音とは人の耳を通しての感覚であり聴覚を引き起こすものです。

　物理現象としての音波は，気体・液体・固体の一部に何らかの力が加わると，粒子に振動が生じてこの波動が伝わっていくことです。このような粒子の動きによって，たとえば空気中では，気圧の高いところと低いところが交互にでき，この気圧の変化が音圧として計測されます。なお，圧力ですから，台風の気象予報でしばしば使われているパスカル（Pa）という単位で計測されます。

　また，音波の伝搬速度が音速であり，よく知られているとおり温度 t （℃）における音速 c （m/s）は，

$$c \fallingdotseq 331.5 + 0.6\,t \quad （常温 15℃ でおよそ 340\,\mathrm{m/s}）$$

となります。

　音は，後述するように波動の周波数で 20〜20 kHz の音が可聴音と呼ばれ，人の耳に聞こえるとされますが，個人・年齢によっても差があります。実際には生れた直後を除いて低い周波数では，数十 Hz までしか聞こえませんし，高い周波数も

音波は空気中などを伝わる物理現象のことで、音とは人の器官で認識される感覚なんじゃ。もっとも、普通は、音波も音も同じように使われているんじゃ。

年をとるにつれて聞きにくくなり，20 kHz まで聞こえる人は少なくなります。また，音波を伝える媒体により，空中音 (空気伝搬音)，水中音 (水中伝搬音)，固体音 (固体伝搬音) に区別されますが，騒音として直接問題となるのは，空中音です。

この音波により引き起こされるのが聴覚であり，音の把握から認知までの機構・機能およびこれを通じて生じる人の感覚と定義されており，騒音も人の感覚です。この聴覚とは，外耳，中耳，内耳，聴神経などで構成される器官により，音波を音として認識する機能で，五感のうちの1つです。また，人が感じることができる領域が可聴域ですが，この機能が損傷されると難聴といわれる状態になります。

人は，外耳において集音等を行い，中耳の鼓膜が振動として伝え，内耳の蝸牛内部のリンパ液に振動が伝達され基底膜が振動すると考えられています。この基底膜において，チューニング機能により，周波数情報として聴神経を通じて，人は音を感じると考えられています。

聴覚とは，音波の単純な物理的作用で起るものではなく，知覚や認識の側面が大きく作用し，脳の作用を通じて感じるものです。人は周波数情報を基に音としての感覚を得ており，かなり複雑な仕組みと考えられています。現在のところ，人が音波を知覚するまでの過程，聴覚の生理的メカニズムは，まだよく解明されていません。

2　物理量と主観量

前述のような聴覚システムにおいては，物理測定器のように精密な動作を行うことはできませんが，人は独自のやりかたで，すばやく音波を把握して認知しています。これは，音環境に対して人が適切に適応しているといえますが，精密機械でない聴覚には当然，限界があります。

そこで，人は得られた情報を総合的に解析して，これが音の感覚となると考え

られます。このことから，機械で測定可能な音の物理的な性質と，それに対応する人の主観的な性質とを関係づけることが騒音などの評価の第一歩となります。これにより測定が可能な物理的な性質を騒音計などで把握することにより，はじめて行政などにおいて人の主観的な性質に基づく規制が可能になります。

　しかしながら，物理的な性質と主観的な性質については，まだまだ不明な点が多く残っています。たとえば，物理量である「音の強さ」と，主観量である「音の大きさ」との対応関係を考えてみても，音の強さが10倍になっても，音の大きさも10倍にはなりません。このような物理量と主観量とのくい違いは，音の高さ，時間の長さなどにもみられます。さらに，騒音問題でしばしば議論になる不快な音など「音色」について検討すると，ますます話が複雑になります。この場合は，聴覚以外の感覚から得られた体験も大きく影響していると考えられています。上空を通過する軍用機や今までなかった設備の設置などに対する人の反応は，同じ「音の強さ」でも，道路交通騒音などとは大きく異なることはしばしばみられることです。「音色」などは，日常生活の広い体験に根ざすものであるといえ，騒音についての不快感なども物理量である「音の強さ」だけで決るものではありません。

3　騒音と噪音

　騒音は，望ましくない音，不快な音を意味していますが，前述のとおり，現在の騒音という言葉が定着するまでは，「噪音」という用語が広く用いられていました。もともと，音の物理学的理解からは，楽音と噪音に区分されており，噪音は，音響的に複雑で非規則的な雑音を意味していました。この噪音が「不快な音」を意味する言葉として社会的に代用されていたと思われ，第二次世界大戦後は，専ら騒音という言葉が使われるように変りました。

ちょっと難しいですが，騒音の評価は，①音の大きさ，②音のやかましさ，③音のうるささ，の三つで考えます。

18 / 第2章 騒音や音を理解するために

なお，騒音は，noise と英訳されますが，noise には，雑音と騒音の二つの意味があります。もっとも，ドイツ語では，雑音は Geraush，騒音は Larm と使い分けられていますが，英語では，いずれも noise であり，概念が混同される傾向もありました。

この騒音を考える上では，音波の性質や聴覚の特性などから，物理，感覚，心理，生理，などの面から検討する必要がある点を理解していただけると思います。

騒音の影響を考えるうえでの代表的な項目としては，①音の大きさ (ラウドネス)，②音のやかましさ (ノイジネス)，③音のうるささ (アノイアンス) の３つが有名です。また，評価については，おおむね①物理的評価，②生理的評価，③心理的評価，④社会的評価，の４つ方向で検討が進められています。

4　音の圧力

音波は通常，音圧で計測されます。なぜ物理量として音圧なのかといえば，音圧は測定が容易であり，人への影響も音圧による影響がもっとも大きいと考えられるからです。音圧は，前述のとおりパスカルという単位でその圧力を計ると述べましたが，よく聞くのはデシベル (dB) です。よって，レベル表示とデシベルを理解しましょう。

計測の世界では，ある量を表す場合には，その絶対値で表す方法と一定の基準値に対する比で表す方法の二つがあります。

基準値に対する比の常用対数で表す場合をレベル表示と呼び，このときの単位としてベル (B) が用いられます。また，この常用対数の 10 倍の形で表示した値が広く騒音や環境振動に用いられており，単位はデシベル (dB) となります。デシとは接頭語で，水の計量に用いられるデシリットルの "d" と同じ意味です。

よって式で記述すると下記のようになります。

$$L = 10 \times \log_{10} \frac{Q}{Q_0}$$

L：デシベル値，Q：測定値，Q_0：基準値

ここで，基準値 Q_0 は，現象により国際標準化機構 (ISO) で国際的に統一されており，騒音については，$20\mu\mathrm{Pa}$ （マイクロパスカル）とされています。音圧以外のたとえば振動加速度，振動速度などの事象ごとにこのデシベル算出の基準値は国際的に統一されています。

なお，レベルという用語は，値とか大きさという意味でも一般に使われていま

すが，騒音や振動の世界では，10倍の常用対数という特別な意味で使われており，ちょっと面倒ですが，注意してこのまま理解してください。

また，レベルは，基準値との比を対数表示していることから，単位のない無次元量ですが，常用対数のレベルであることを明らかにするために，デシベル(dB)と記述する約束になっています。なお，以前は，ホンという用語も使われており，一部の法令などに今も残っています。デシベル表示を使うと数値を圧縮(対数圧縮)することから，小さい値から大きい値まで広い範囲にわたる量を扱うことができ，有用とされています。

騒音は騒音計で測ってdBで表示されるんじゃが，このdBは騒音以外にも広く用いられている表示方法なんじゃ。もともと音波は圧力で計られるんじゃが，小さい値から大きい値まで扱う範囲がかなり幅広いので対数で圧縮したdBが使いやすいんじゃよ。

5 レベルの計算

騒音においては，発生源が複数あると，それらを加算合成して全体の値を計算する必要があります。そこで，レベルの計算方法を理解しなければなりません。よく，70 dBと70 dBを加えて，なぜ140 dBにならないのかと質問を受けますが，もともとパスカルを単位として圧力を測定しており，合算などの計算をする場合は，本来の形に戻して計算をする必要があり，70 dBと70 dBを加えると73 dBになります。

少し式を使って説明しますと，音圧レベルL_pは，音圧の実効値を次式のようにデシベル表示したものになります。

$$L_p = 10 \times \log_{10} \frac{p_e^2}{p_0^2} \quad [\text{dB}]$$

ただし，：基準音圧 ($= 20\mu\text{Pa} = 2 \times 10^{-5}\text{Pa}$)

一般に，音が重ね合さると，個々の音の強さを加算した値が全体の音の強さになります。ここで全体の音の強さのレベルL_{total}は個々の音の強さのレベルL_1, L_2を次式により合計します。

20 / 第2章 騒音や音を理解するために

$$L_{\text{total}} = 10 \times \log_{10}\left(10^{L_1/10} + 10^{L_2/10}\right) \quad [\text{dB}]$$

3つ以上の音が重なった場合も同様に計算することになり，レベル合成とよんでいます。つぎに，具体的にレベル合成の計算例を示します。

① 同じ強さの音が2つ重なった場合

$L_1 = L_2 = 70\,\text{dB}$ とすると，上述の式から，$L_{\text{total}} = 73\,\text{dB}$ となります。同じレベルの音を合成すると，3dB 大きくなります。

② 5dB の差がある2つの音の合成

$L_1 = 70\,\text{dB}$，$L_2 = 65\,\text{dB}$ の場合，$L_{\text{total}} = 71\,\text{dB}$ であり，大きい値に約 1dB 増えます。

③ 10dB の差がある2つの音の合成

$L_1 = 70\,\text{dB}$，$L_2 = 60\,\text{dB}$ の場合は，$L_{\text{total}} = 70.4\,\text{dB}$ となります。すなわち，2つの音の強さのレベルに 10dB 以上の差があれば，音が重なってもレベルは大きく変化せず，小さい値の影響は無視できます。環境影響評価などで「影響はほとんどない」という場合は，このように 10dB 以上小さい発生源が追加される場合となります。

④ 暗騒音の補正

暗騒音とはバックグラウンド騒音ともいいます。騒音予測などにおいては暗騒音の大きさが重要であり，暗騒音と対象の騒音源を含めた全体の音の強さを計算する必要があります。このとき，レベル合成の計算が必要になりますが，電卓等により，上述の計算を簡単に実施できます。一方，測定においても対象音の正確な値については，暗騒音の影響分を差し引く必要があり，環境騒音の測定について定めた JIS Z 8731 には，次のように簡単に算出するための値が示されています。

対象音と暗騒音の差	4	5	6	7	8	9
補正量		−2		−1		

JIS Z 8731 による暗騒音の補正

6 通常の生活で体験する音圧

(1) ブブゼラ騒音

史上最大の騒音がどれほどのものか，気になることです。有名なのがクラカタ

ブブゼラ騒音

ウの火山噴火です。インドネシアのスンダ海峡で，大噴火で島が吹っ飛んだことで有名です。1883 年 8 月に大噴火があり，3 万 6000 人が死亡したと伝えられています。この大噴火により，大津波や多量の火山灰が生じ，各地で異常気象となり，巨大な爆発音は，インド洋でも聞こえたといわれます。真偽は不明ですが，160 km 離れて 180 dB あったと，推測記事もありました。有名なムンクの絵画「叫び」は，この大噴火による異様な色の夕焼けを題材にしたともいわれており，描かれた人物が叫んでいるのでありません。

このような過去の話を別にすると，記憶に新しいところでは，ブブゼラ騒音があります。ブブゼラとはラッパの一種で，サッカーのワールドカップ，とくに南アフリカの選手が出場する試合において吹き鳴らされて世界中に有名になったものです。もともとは，教会で使うためにレイヨウの角でつくられていたといわれますが，最近のサッカー応援用ではプラスチックでつくられています。

非常に大きな音が出るため，スタジアム全体に響き渡り，一部では 127 dB を記録したとか，一時的な難聴者が少なからず発見されたとの報道もあり，ワールドカップ中継等において日本でも有名になりました。国際サッカー連盟（FIFA）でも騒音調査が行われたと聞きますが，禁止にはなっていないようです。このブブゼラ騒音などは，最近では有名になった高騒音の例ですが，通常は，次項で示すとおり，90 dB をこえる騒音には滅多に遭遇しません。

（2）騒音の目安

騒音は，典型的な感覚公害であり，地域住民もしばしば遭遇しますが，騒音計などの測定器を所有していないことから，生じている騒音がどの程度なのか判断

都心には、やかましい場所がたくさんありますが、高層住宅や郊外の戸建住宅は、夜間はびっくりするくらい静かですよ。

できない場合が多いと考えられます。そのため，騒音に対する正確な理解を得るためには，環境騒音の状況がどの程度かの情報を目安として提供することが重要と思われます。そこで，次ページに，「騒音の目安」を示しました。

これは，地方公共団体の試験研究機関である全国環境研協議会騒音小委員会が環境騒音等について調査した結果であり，都心部と地方都市に分けて図表として示されています。縦軸は，1時間あたりの等価騒音レベル（L_{Aeq}）で示してあり，10から100件程度の全国調査結果を平均した値です。

なお，国際的には，L_{Aeq}で65 dB以上の地域が要対策の地域としてされることが多いのですが，バス・鉄道・航空機などの車内，パチンコ・ゲームセンター，昼間の幹線道路などがこれに相当しており，騒音低減への国民的理解と適切な施策が求められます。

さらに，都心部でも農村部でも夜間の住宅地域は40 dBを下回っており，山間部の住宅地夜間では，30 dBを下まわっています。今後，静穏な地区での騒音環境が議論となると考えられますが，とくに夜間については，静穏な状況が維持される良好な環境が望ましいとえます。

7　周波数と周波数重み付け特性

(1) 周波数

音波は，圧力が高いところと低いところが繰り返される，すなわち振動しますが，この山から山（あるいは谷から谷）の長さを音波の波長といいます。また，1秒間の振動回数は周波数と呼ばれ，Hzが単位として使用されます。周波数と波長の関係は次のようになります。

$$\lambda = \frac{c}{f} \qquad \lambda：波長 \quad c：音速 \quad f：周波数$$

7 周波数と周波数重み付け特性 / 23

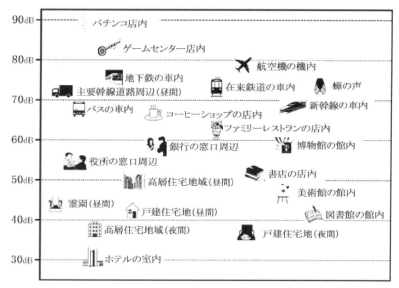

都心部・近郊用の騒音の目安 (全国環境研協議会騒音小委員会)

地方都市・山村用の騒音の目安 (全国環境研協議会騒音小委員会)

24 / 第2章　騒音や音を理解するために

　人間の耳で聞くことができる音波のことを可聴音と呼びますが，可聴周波数の上限を最高可聴限周波数，下限を最低可聴限周波数とよんでいます。そして，この範囲の下側，最低可聴限周波数より低い音のことを超低周波音と呼んでいます。一方，最高可聴限周波数よりも高い音については，超音波音と呼んでいます。

　なお，しばしば話題になる低周波音については，環境省の手引書においては，超低周波音と低い周波数の騒音の総称として，1/3オクターブ中心周波数で1～80Hzの音としています。一方，JIS C 1400-0(風力発電用語)においては下表のように定義されています。国際的には，超低周波音はISO 7196において1～20Hzの音波と定義されていますが，低周波音については，国等により，周波数範囲が異なっています。よって，資料により，どの意味で低周波音という用語を使っているのか注意しなければ誤解をまねくことになります。

用語	定義	英語
超低周波音	20Hz以下の周波数の音	infrasound
低周波音	20～100Hz程度の周波数の音	low frequency noise

JIS C 1400-0(風力発電用語)における低周波音の定義

　なお，環境影響評価においては，従来，騒音・低周波音という記述が一般的でしたが，今後は騒音・超低周波音という記述に統一されていきます。

(2) 周波数分析

　人の感覚は，この周波数に大きく依存しており，騒音防止方法を検討するとき，騒音レベルの測定のみでは不十分で，周波数成分や時間変動を詳細に分析する必要があります。そのため，周波数についての分析などが重要になりますが，騒音等の分析においては，1Hzごとの値ではなく，ある幅をもった周波数の範囲ごとに分析するのが一般的です。これが周波数帯(周波数バンド)であり，通常は，オクターブバンドもしくは1/3オクターブバンドの定比バンドがよく使われています。このバンド範囲は，高域および低域遮断周波数で規程されています。たとえば，1/3オクターブバンドで，中心周波数1000Hzの場合，900～1120Hzが周波数帯となります。

　周波数の分析に使う機器が周波数分析器またはスペクトルアナライザーと呼ばれるもので，周波数帯ごとのバンド音圧レベルを求めるものと，単一周波数のスペクトルレベルを求めるものがあります。前者は，①定比フィルターによるオクターブ(もしくは1/3オクターブ)バンド分析，②定幅フィルターによる狭帯域分

低周波音という用語が使われますが、アセスメントでは、騒音・超低周波音という記述が使われます。

析,があります。一方,後者は,FFT(高速フーリエ変換)分析器と呼ばれるデジタルフィルタリングによる分析機で,発生源の解明など詳細な解析に使用されています。最近は,デジタル解析技術の発展によりFFTによる音響の詳細分析が容易になってきています。

(3) 周波数重み付け特性

人の耳の感覚は,周波数により音の感じ方が異なっており,騒音測定では人の感じ方に対応した「騒音の大きさ」の測定をするものでなければなりません。その補正を行うものが周波数重み付け特性で,従来は聴感補正特性,周波数補正特性とも呼ばれていました。我が国の法令上では,周波数補正特性とよばれていますが,最近は,国際規格と同様に「周波数重み付け特性」と呼ぶことが浸透しつつあります。この周波数重み付け特性については,いろいろ提案されてきましたが,現在よく使われている特性を下表に整理しました。

特性名	解　説
A 特性	騒音レベルの測定に使われている特性で、等ラウドネス曲線の 40phon の逆特性に近似してあり、一般的につかわれている。
C 特性	比較的レベルの高い騒音の測定に使われていた特性で、平坦特性の代わり用いられる場合が多い。
Z 特性	新しい平坦特性で、FLAT 特性に比べて広い範囲において応答が 0dB であることが求められている。
FLAT 特性	メーカーの作成する平坦特性で、応答が 0dB の範囲が 31.5〜8kHz に広がってなければならない。
G 特性	ISO 7196 に定められた超低周波音(1〜20Hz)のための感覚補正特性のことであり、超低周波音の測定に用いられる。

周波数重み付け特性

ここで注意していただきたいのは A 特性であり,我が国ではこの A 特性で測定した値を「騒音レベル」と呼んでいることです。この周波数重み付け特性は,サ

26 / 第2章　騒音や音を理解するために

ウンドレベルメータ (騒音計) に内蔵されており，騒音規制等においては，A 特性を選択して測定が行われます。

8　音波の基本的な性質

　ここでは，音 (音波) の基本的な性質を簡単に解説します。これらの性質は，騒音測定や騒音対策などで基本的に活用されています。

（1）音波の距離減衰

　騒音対策でもっともポピュラーなのが，音源から住宅等を引き離すことで，しばしばセットバックとも呼ばれています。これは，音波が距離により減衰することから実施されており，このことを，距離減衰または幾何減衰と呼んでいます。実際の音源では，いろいろ複雑なことが多いのですが，理論的には，点音源，線音源，面音源に区分して解説されます。

①点音源の距離減衰

　小さい点のように見なせる音源のことを点音源と呼んでおり，この場合の距離減衰は，距離が2倍で6dB減衰します。ただし，完全な点音源は現実にはほとんどあり得ませんし，反対に音源から離れると後述する線音源も面音源も大きさにより点音源の騒音減衰を示します。

②　線音源の距離減衰

　無限に長い線状の音源を線音源とよんでおり，この場合は，音波が円筒状に拡散すると考えることができます。この場合は，距離が2倍になると3dB減衰します。ただし，無限長の音源などは現実的には有り得ないので，線音源の長さの約1/3程度までは，線音源的な距離減衰を示しますが，それ以上離れた場所では点音源的な減衰特性となります。

③　面音源の距離減衰

　十分に広い面的な音源を面音源といいますが，この場合は，音源からの距離に関係なく一定の音圧になり，距離減衰は生じません。ただし，厳密な面音源といえるような音源は，なかなか出会うことはありません。ただし，東京タワーの階段を昇っていくと，だんだん道路から離れるのだから騒音は徐々に小さくなる気がしますが，実測によれば，あまり変化がありません。これなどは，面音源の例ともいえるもので，東京のように道路の密度が高いと，地表全体は面音源的になっており，いつまで昇っても騒音レベルが大きく距離減衰をしないことになります。

（2）反射と屈折

音波は，壁や水などに入射すると，一部はふたたび逆行して進みます。これは反射と呼ばれます。また，反射以外の音波のエネルギーは，進行方向を変えて壁や水に進入します。これは屈折と呼ばれています。この反射や屈折の量は，入射角や密度により異なりますので，騒音対策では，この性質を利用して吸音材などにより反射する音を少なくするようにします。また，空気中から水中に音波が入ると，水中の速度のほうが早いため音の方向は水面の方向に屈折します。そこで，一般には，空気と水の境界面において，多くの音波は反射されると説明されます。

同様に空気中でも昼間は地表面の温度が高く音の速度は速くなっており，上空に向けて屈折する傾向を示します。逆に冬の夜などは，地表面付近の温度が低くなるため地表面に向かって屈折するため，鉄道音などがかなり遠くまで聞こえることになります。同様に，風速が上空ほど大きい場合などは，風上では上方へ，風下では下方へ音が曲げられ，音が大きく聞こえたり音が届かない影の領域が生じることになります。

（3）吸音と透過

壁などに入射した音波は，吸収されるか透過しますが，その量は，密度と音速により決ります。ここで，吸音とは，音のエネルギーを熱エネルギーに変換して吸収させることです。一般に騒音対策などでは，多孔質材料がよく使われ，空気の振動が材料の細かい隙間に入り込んで行くうちに，空気の摩擦抵抗のため音響エネルギーが熱に変換されて吸音されます。

吸音に使用する材料を吸音材料とよんでいます。種類としては，①多孔質材料 (グラスウール，ロックウール，軟質ウレタンフォームなど)，②多孔質板材料 (化粧吸音板など)，③膜材料 (防音シートなど)，④あなあき板材料 (あなあき石膏ボード，あなあきストレートボードなど)，⑤板材料 (合板，ハードファイバーボードなど)，⑥その他 (敷物，つり下げ吸音体など)，があり，単体もしくは組み合せて使用されています。実際の工事では，騒音の周波数特性や使用条件から，どの吸音材料や構造を選択するのかが重要なことになります。

一方，音波が壁に入射すると壁が振動し，透過側の壁面に接している空気が振動して透過音が発生します。これが音波が伝わることで，この両者について音のエネルギーのレベル表示したものの差が音響透過損失と呼ばれており，壁などの重要な性質を表します。この音響透過損失は，材料の性質のほか，周波数や入射角によって変化するため，通常の透過損失は，音がすべての方向から等しい確率で入射した場合の値が材料カタログなどに用いられています。

（4）干渉と定在波

　同じ地点に2つの音波が同時に到来すると、互いに干渉して強め合ったり弱め合ったりすることがあります。とくに、周波数の等しい音波が干渉するときは、音圧の大きい場所と小さい場所が時間的に変化しない状況になります。これを定在波といいますが、音の反射が考えられる屋内での騒音測定などにおいては、十分に気をつける必要があります。

（5）音の回折

　音の進行方向に建物や塀などの障害物がある場合でも、音は光と違って障害物の背後まで廻り込むことができます。この原理に関係するのが防音塀です。平面の回折減音量を示す図として、下図が用意されており、点音源と線音源に区分して算出できるようになっています。なお、ここで横軸は、N はフレネルナンバーと呼ばれ、図中に示した通り、経路差の2倍を波長 λ で割って算出し、縦軸は減衰量を表しています。

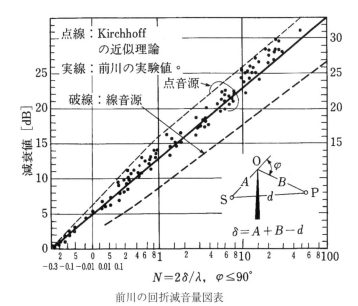

前川の回折減音量図表

（6）空気吸収と地表面吸収

　屋外を伝搬する音には、空気吸収、地表面吸収が影響します。そのほかにも、風等の影響も考えられ、これらをまとめて過剰減衰と呼んでいます。

① 空気吸収

空気吸収とは，音波が空気中を伝わるときに空気の粘性等によりしだいに音の強さが減衰する現象のことです。空気吸収は音の周波数，気温，湿度，気圧により変化し，1 km あたりの吸収係数で示されています。

② 地表面の影響による音の減衰

平坦な地面の上で観測するとき，音源から直接伝搬する音と地面で反射して到来する音波が重なり合って測定されます。その程度は，音の周波数，伝搬距離，地面の音響特性，音源や観測点の地面高によって変りますが，音源からの距離が長くなると地面の影響はおおむね減衰として現れます。

9 サウンドレベルメータ (騒音計) と騒音測定法

(1) 特定計量器

騒音測定に使用される計器は，我が国では騒音計と呼ばれ，計量法の「法定計量器」であり，国の指定機関で検定を受けなければ，証明行為には使用できないとされています。この検定の有効期間は5年となっており，国家標準器 ⇒ 基準器 ⇒ 測定器，と順に校正することにより，国家として計測器の精度を確保する仕組みになっています。

なお，サウンドレベルメータについては，従来，普通騒音計と精密騒音計という名称が広く使われてきたことに鑑みて，騒音計という呼び方も認められています。なお，新しいサウンドレベルメータ (騒音計) の規格においては，周波数範囲が，従来の 20 Hz～20 kHz から 10 Hz～20 kHz と超低周波音の一部まで広がっている点にも留意して下さい。

(2) 騒音計の発達

騒音規制に使用する騒音計も昭和40年代の機器から比較すると大きく進歩しており，測定手法も変ってきています。これを受けて，法令で使用する騒音計や測定手法等も現実的にはかなり変化してきており，初期のアナログメータの指針を読み取る形式はなくなりつつあり，小型化や測定レンジの拡大なども進んでいます。さらに，デジタル化が進み，騒音計内で騒音レベル等をデジタル処理して，等価騒音レベルや時間率値などの統計量の算出が瞬時に容易に行えるようになっています。

さらに，より利便性を高めるため騒音計のワイドレンジ化が進められ，レベルレンジ切り替えなどの操作が不要になるとともに，音圧波形を 40 kHz 以上で直

30 / 第2章 騒音や音を理解するために

接サンプリングして，音圧データをパソコン仕様の WAVE ファイルとして保存できるようにもなってきています。

　このように技術の発展に伴い測定技術は大きく変化しており，法令で使用する測定評価手法も随時見直しを行っていく必要があります。現実的には，騒音計のデジタル処理機能の活用が広まっており，10分間等の測定時間による評価が行政部門では用いられています。これについては，厳密にいうならば，従来の手法とずれる点もありますが，基本的には，技術の進歩にあわせて測定評価手法を見直していくことが求められているといえます。

（3）時間重み付け特性

　従来は，動特性ということばが使われていましたが，国際規格と同様に「時間重み付け特性」という用語が採用されています。これは，メータの針が素早く動く程度を定めるものです。下表にサウンドレベルメータ (騒音計) に内蔵されている時間重み特性を整理しましたが，一般的に F 特性が使用されています。従来は，メータやレベルレコーダから最大値を読み取る必要のあることから，応答の遅い S 特性も利用されていましたが，デジタル技術の発展や評価量の見直しにより，今後は使われなくなると考えられています。

　なお，等価騒音レベルなどのエネルギー値の積算については，最近の測定器では直接積分されており，時間重み付け特性は，エネルギー値の算出には直接関係しない構造になっています。

特性名	説　明
F 特性	一般的に使われる特性で時定数は 125ms，FAST とも呼ばれる。
S 特性	航空機騒音や新幹線騒音の測定に使われ時定数は 1s、SLOW とも呼ばれる。
I 特性	インパルス騒音を測定する特性で時定数は 35ms である。

時間重み付け特性

（4）騒音の測定手法
①　機器の校正

　前述のとおり，法令に基づく測定は，証明行為の場合が多く，計量法第71条の条件に合格したサウンドレベルメータ (騒音計) を使用しなければなりません。

　騒音測定では，精度の確保は重要な事項です。マイクロホンから表示部まで通じた校正やチェックを行うことが ISO 規格等では規定されており，マイクロホンに装着する音響校正器 (一般的にはピストンホーン) による全体校正が求められています。ただし，我が国では，法的に「計量法」に基づく検定の有効期限内なら

ば，十分に精度が保たれているとされており，適切に検定を受けた騒音計を使用することが証明行為などでは求められています。

② 騒音計の設置場所

騒音の測定は，次頁のイラストのようにサウンドレベルメータを三脚に取り付けて行うのが一般的であり，同時多点測定などでは，一箇所でサウンドレベルメータ本体を集中管理し，マイクロホンのみを三脚に取り付けて測定が行われています。この場合，マイクロホンと本体は延長コードにより接続することになりますが，一般には50m程度までは，問題なく延長可能といわれています。

なお，騒音規制は，敷地境界の騒音レベルで評価されるのが一般的ですが，当該の境界に遮音塀などが設置されている場合に，塀の上なのか，塀のそばなのかとか，具体的な地点について疑問が出されることがあります。この点については，法の制定経過等から鑑みて苦情者側等の敷地境界に近い場所で，騒音レベルの一番高い地点で測定すると解するのが適切です。

また，集合住宅等においてビル内の設備等と居住者の間で，床や壁をめぐる騒音問題が生じることが多くあります。「騒音規制法」は，敷地境界で規制しており，集合住宅のような同一棟における場合は，敷地境界が存在しないので，この部分には，同法による規制基準が適用できないことになります。もっとも，地方公共団体において屋内騒音基準等を要綱等で定めている場合は，それにより適切に対処されるべきものです。

③ 反射音

騒音測定では，建物や地面からの反射音に影響されないように注意する必要があります。そのため，規格などでは，壁から2.5m以上離れるとなっています。しかしながら，一般の環境中では，常にこの距離が取れるとは限らないため，現実的には壁から可能な限り離れるとし，おおむね1m程度離れれば実務上は十分といわれています。

マイクロホンの高さについては，地面の反射等を考慮して1.2mから1.5mとされていますが，EU(欧州連合)などでは4mとされている点にも留意する必要があります。また，集合住宅の上階で測定する場合には，廊下部等人が通行する場所の表面から同じ高さで測定することになります。1.2mから1.5mは地理的な高さではなく，人の行動を基本とする考え方です。

④ 風対策

騒音レベルは，風に大きく影響されるため，この影響を避けるために，環境中では，原則としてマイクロホンにウインドスクリーン(防風スクリーン)を装着して

集合住宅での騒音計の設置

測定を行います。また，長時間測定などで雨天も予想される場合は，雨水が侵入しない構造となっている全天候型防風スクリーンを使用する必要があります。ただし，これらの防風スクリーンといえども風速が 6 m/s 以上の場合は影響を除外するのが困難といわれており，この場合は調査を中止し再調査を行う必要があります。

⑤ 測定時間

　騒音規制が開始された昭和 40 年代初期では，今日のような優れた機器がなく，アナログ式騒音計の指針を測定員が読み取りながら記帳するという，今からみれば原始的な手法である「5 秒 50 回法」で測定が実施されていました。ここでは，補助員が時計を見ながら 5 秒ごとに測定員の肩などに触れて，それを合図に測定

騒音は騒音計で測りますが、対象により特性を使い分けなきゃならないのが、ちょっと面倒なんですよねぇ。

員がアナログメータの針を読み取っていました．その後，自動的にレベルを記録するレベルレコーダが普及し，チャートからデータを読み取り，騒音変動のタイプにより評価量を算出 (読み取り) する方式に変りましたが，5 × 50 秒，すなわち 250 秒が，「騒音規制法」における測定時間として引き続きに用いられる事例が多く見受けられました．

しかし，最近は，データ処理装置の発展により，多量の電子データを統計処理することが可能になり，種々の統計値が直接サウンドレベルメータ (騒音計) から出力されるようになっています．その結果，これらの測定装置にあらかじめ用意された測定時間である 10 分間などが規制における測定時間として用いられることが多くなっています．いわば，機器の性能から規定されて騒音規制の測定時間が定まってしまったともいえ，測定時間についての整理が必要となっています．

10 人と騒音

(1) 等ラウドネス曲線と閾値

等ラウドネス曲線とは，ラウドネス (音の大きさ) について 20 Hz から 15 kHz 程度まで等しい大きさに感じられる音圧レベルを結んだ線を表した図のことです．1933 年に Fletcher–Munson が最初に発表し，これに基づき，騒音計の周波数重み付け特性 A，B，C がつくられました．その後，ISO において継続的に検討が実施されており，2003 年には次頁の図に示す純音の等ラウドネス曲線を定める第 2 版の ISO 226 が発行されています．

この最新の規格は，日本を含む各国の 18～25 歳の正常な聴力をもつ被験者データにより作成されており，旧版に比べて，かなりの修正となっています．

まず，注意していただきたいのは，この等ラウドネス曲線の一番下の線であり，これは閾値を示しています．加えられた刺激をゆっくりと変化させて，その刺激

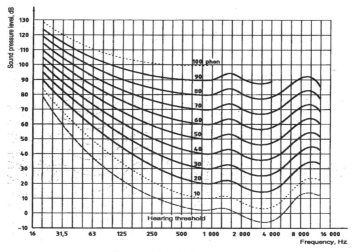

等ラウドネス曲線 (ISO 226)

に対する反応が転換したとき，その刺激量のことを閾値と呼んでいます。音響においては，徐々にレベルを下げていったとき聞こえなくなる音圧レベルと徐々にレベルを上げていったとき聞こえるようになる音圧レベルの間に閾値があるとされています。さらに，レベルが高くなると等ラウドネス曲線が徐々に平坦になっていますが，これは，人の聴覚が，音のレベルが高くなると周波数に依存しなくなることを表しています。

このように，周波数によりラウドネス (音の大きさ) が異なるためこれを補正するために前述のとおり周波数重み付け特性が用いられています。なお，現在の騒音の測定評価では，音のレベルに関係なく原則として A 特性が使われるようになっています。

(2) 騒音の影響

騒音が人間に与える影響としては，生理学的変化のほか，ストレスに対する補正能力の障害，または機能障害が挙げられ，騒音に対する感受性が増大するとされています。おおむね，①心理的影響，②生理的影響，③聴覚に及ぼす影響，に区分されて調査研究が行われています。

このうち，心理的影響については，情緒的な不快感，具体的には，思考能力の低下，睡眠妨害，会話妨害，などが考えられ，騒音対策を検討する上での基本になっています。また，生理的影響として，疲労増大，中枢神経の影響，自律神経・内

分泌系への影響，などが議論されています。聴覚に及ぼす影響ついては，騒音性難聴や騒音性突発難聴がありますが，これらについては，心理的影響よりも，高い騒音レベル，長時間の暴露により生じると考えられています。

（3）アノイアンス

アノイアンスとは，明快な定義が容易でないのですが，自らに悪影響を与えていると考え認知している，要因や状態に関する不快な感情と訳されています。騒音を表す3項目のひとつとして，日本語としては，「うるささ」という言葉をあてる場合が多くあります。個人が妨害を被ったと認識する影響と定義する場合もありますが，妨害もしくは迷惑としてとらえられるもので，騒音による不快感の総称といえます。このアノイアンスは，騒音の評価量や基準値の検討においてもっとも重視されており，環境基準改定などにおいては議論の中心になっています。

（4）睡眠影響

前述のアノイアンスが主として昼間の基準値の検討で議論になるのに対して，夜間の基準値については，騒音による睡眠影響が中心的課題になります。睡眠影響は内的要因と騒音振動などの外的要因によるものが考えられますが，環境問題の課題はこの外的要因についての検討になります。この睡眠影響は，種々の騒音影響の中で，もっとも騒音レベルの小さい値で生じる影響と考えられています。

一般には，①入眠困難（眠れない），②途中覚睡（眼が覚める），③早期覚睡（朝早く眼が覚める），④熟眠困難（起きても眠く気分が優れない），の4つの症状が重要といわれています。また，不眠症は，この中の一つ以上の症状が週1日以上1箇月続いている場合で，昼間に眠くなるなどに本人が困っている場合に不眠症といわれます。なお，我が国では，睡眠影響の調査研究事例は少なく，今後の調査がもっとも待たれる分野です。海外を含めて，これらの睡眠影響データから，騒音規制においては，夜間は昼間より厳しい基準が設定されています。

11　騒音の評価量

（1）採用されている騒音評価量

測定値を統計処理して算出するのが騒音の評価量で，法令等において採用されている評価量の主なものを整理すると次のとおりです。

従来は，中央値が環境基準などに広く使われていましたが，国際的状況などを受けて今後は使われないことになりました。これにより我が国の騒音評価量は，基

評価量	説 明
L_{Aeq}	等価騒音レベルとよばれ、環境基準、要請限度、在来線指針値に採用されている。国際的に広く採用されており、予測等も的確に実施できる。
WECPNL	最近まで航空機騒音に係る環境基準に使用され、我が国ではL_{Amax}と機数で略算される。なお、平成25年4月からは、評価量はL_{den}に改訂適用された。
L_{den}	航空機騒音に採用されており、L_{Aeq}を夕・夜について加算して算出する。
L_{Amax}	最大値とよばれ、新幹線の環境基準に採用されている。法令ではピーク値と呼ばれているが、正確には時間重み特性 SLOW の最大値と呼ばれる。
L_{A5}	騒音規制法等において工場等、建設作業の騒音規制に使われている。90%レンジの上端値ともよばれているが、時間率 5%値であることから、L_{A5}の記号が使われている。

主な騒音評価量

騒音レベルを測定すると、この結果から評価量を算出します。現在、法令においては種々の評価量が使われています。

本的に等価騒音レベル（L_{Aeq}）を中心とするエネルギー値に統合されつつあります。これは、同じエネルギーならば影響は等しいという「等エネルギー仮説」を採用しており、複合騒音の測定評価や正確な騒音予測が可能など優れた点が多いからです。ただし、L_{Aeq}は、きわめて鋭敏な指標のため、測定にあたっては、比較的長時間の測定と十分な注意が必要となっています。

(2) 法令における基準の決め方

前述した物理量と主観量のはなしのように、音に関してはまだまだ研究すべき事が山積みですが、現在の法令などにおける評価量の選定と基準値について考えてみます。

法令などでは、測定する人などにより数値が異なっては法令に馴染みませんので、基本的に物理量を計測して評価せざるを得ません。しかしながら、最新の知見に基づき主観量に対応した物理量の補正を検討することも必要です。

そこで、騒音の評価においては、物理量としては、聴感補正された音圧レベル（騒音レベル）を指標として採用し、具体的な基準値は、騒音影響で述べた、①アノイアンス(不快感)、②睡眠影響、などを基本に検討されています。アノイアン

> たくさんあって分かりづらいなあ・・・

スは，日常の生活感とでもいうことができ，昼間や全日の基準値に，睡眠影響は夜間の基準値を設定するうえで，中心的な検討対象とされています。

第3章　いろいろな騒音

1　航空機による騒音

(1) 航空機騒音

　航空機やヘリコプターからの騒音は，大規模な訴訟となるなど昔から大きな騒音問題であり，現在なお多くの裁判が係争中です。航空機騒音は，接近すると急激に大きくなる間欠騒音の典型であり，最大値がきわめて大きいことに特色があります。そのため，うるさいとの苦情が生じやすい騒音であり，衝撃的でもあり一般の騒音とは区別して測定評価が行われています。

　航空機騒音は，ジェット機が次々と導入された1960年ごろから問題が大きくなっており，国際的にも騒音の低減が主要な課題になりました。とくに，住宅地と空港が近接している日本では，典型的な騒音問題として社会的に強い関心をもたれてきました。たとえば，超高速飛行が可能なことから，一部で就航が待たれていたコンコルドなども，あまりにも騒音が大きいことなどから，日本には就航せずに運行が終了しています。

　航空機の場合，基本的には，航空機の離着陸に際して大きな騒音が聞こえる飛行場周辺の問題が中心ですが，上空を通過するヘリコプター，航路を飛行する旅客機，米軍や自衛隊の航空基地の離発着，旋回して取材するヘリコプターなど，多彩な騒音の苦情が生じています。

　なお，飛行場周辺の騒音については，航空機からの騒音として，①離着陸飛行音，②リバース音 (逆噴射音)，③タクシーイング音 (地上滑走音)，④アイドリング音，⑤エンジンテスト音，などに区分されます。　また，飛行場の施設からの航空機以外の騒音としては，①飛行場内車両音，②整備工場等の騒音，③アクセス道路の騒音，④鉄道等の騒音，⑤スピーカー等の営業騒音，⑥建設工事にかかる騒音，⑦その他，に区分されています。

(2) 航空機騒音に係る環境基準

飛行場周辺の航空機騒音については，周辺環境を改善する目標値として，すなわち暴露側の基準として「航空機騒音に係る環境基準」が定められています。これは，中央公害審議会の答申に基づき，当時の ICAO(国際民間航空機関) が提案していた WECPNL を，日本の実情に合せて簡略化し，それを評価量として昭和 48 年 12 月初めて定められたものです。

また，この環境基準では，1 日の離発着が 10 機以下の小規模飛行場等には，適用しないとされており，平成 2 年 9 月には，別途 L_{den} を評価量として「小規模飛行場環境保全暫定指針」が定められました。

L_{den} は，d：day，e：evening，n：night に分けて時間帯ごとの騒音に「重み」を付けて評価する指標なのじゃ。

WECPNL による評価方法は，我が国で長い間使用されてきましたが，国際的には使用している国がわずかであったことや他の騒音と同様にエネルギー値を基礎として整合させるのが適切であるとの考えから，中央環境審議会の答申を得て，評価量を L_{den}(昼夕夜補正等価騒音レベル) へ改定することが告示され，平成 25 年 4 月から適用されました。具体的な基準値は，次の表のとおりです。

類型	地域の区分	従来の基準	改正された新基準
I	住居の用に供される地域	WECPNL で 70 以下	L_{den} で 57 以下
II	I 以外の地域	WECPNL で 75 以下	L_{den} で 62 以下

航空機騒音に係る環境基準の新しい基準値

この新しい環境基準は，前述の小規模飛行場環境保全暫定指針を統合して小規模飛行場にも適用され，暫定指針は廃止されました。さらに，今回の改正から，飛行場から発生する地上滑走中の航空機騒音等も含めて総合的に騒音を評価することになりました。

(3) 航空法による単体規制

前述の環境基準は，空港周辺で暴露される側の基準ですが，一方，発生源であ

る民間の航空機については，「航空法」により単体規制 (航空機ごとの許容限度の設定) が行われています。「航空法」は，国際民間航空条約および ICAO で採択された基準等に対応する国内法であり，航空機の安全，障害防止，事業の秩序を確立することを目的としています。騒音等の基準もこの ICAO において各国間で協議され，これに合せて国内法も逐次規制が強化されており，騒音は以前に比べればずいぶん小さくなってきました。

　ICAO の基準に適合するものとして，日本では，航空法施行規則で定められた耐空証明に合格した航空機でなければ，航空の用に供してはならないことになっています。この耐空証明は，①安全性を確保するための強度・構造性能に係る基準，②騒音に係る基準，③発動機からの排出物に係る基準，の 3 つから構成されており，騒音については，以前は騒音基準適合証明制度と呼ばれていたものです。なお，アメリカ軍に対しては，合衆国軍協定および国連軍協定に基づき「航空法の特例法」が制定されており，「航空法」の規定は適用されないことになっています。

　この ICAO の基準は，逐次規制強化が図られており，現在は，チャプター 4 の基準が適用されています。日本では，旧型機は飛行できなくなっており，平成 18 年 1 月から新規に型式証明を取得する航空機から適用されています。このチャプター 4 は，改正前のチャプター 3 に比べて 3 測定点での計測値合計において 10 dB 以上の低減を求めており，B 777，B 787，B 737–400 などが，この ICAO の新しい基準をクリアーしています。

（4）沖合移転と飛行経路の対策

　騒音低減化のための飛行場・飛行経路の対策としては，飛行場の沖合移転が大きな対策となっています。一般に，飛行場は，内陸型，沿岸型，沖合型に区分されます。我が国のように国土が狭く住居が密集した土地利用が行われている国においては，騒音対策上は，沖合型が望ましいことはいうまでもありません。

　写真のように，関西国際空港，中部国際空港，北九州空港，神戸空港など新しい空港は沖合型としてつくられており，東京国際空港も沖合移転により沿岸型よりも沖合型に近くなっています。ただし，成田国際空港，福岡空港など内陸型または沿岸型の空港もあり，騒音問題は依然として大きな関心をもたれています。

　なお，内陸または内陸周辺の飛行場については，音源である航空機を住居地域から遠ざけて飛行させるか，住居地域上空においてはできるだけ推力を下げ騒音レベルを低下させることが行われています。具体的には，離陸方式として，急上昇方式やカットバック上昇方式，着陸方式としては，ディレイドフラップ方式や

神戸空港

低フラップ方式，その他の方式としては，優先滑走路方式や優先飛行経路方式があり，日本の空港でも実施されています。

(5) 法律に基づく対策

航空機騒音については，その影響が著しいことから，特別に法律を定めて，移転や防音工事など暴露側の対策も実施されています。

一つは，「公共用飛行場周辺における航空機騒音による障害の防止等に関する法律」による対策で，通常は騒防法と略称されています。騒音等による障害が著しいと認められる公共用飛行場(特定空港)周辺で，航行方式の指定，学校等の騒音防止工事の助成，一般住民用の共同利用施設の助成，住宅の防音工事助成，移転の補償，緑地帯等の整備，などが実施されています。

この特定空港には，成田国際空港のほか，政令により東京国際(羽田)空港など18空港が指定されています。さらに，当該の空港周辺が市街地化されているため計画的に整備する必要のある空港を周辺整備空港としてとくに定め，大阪国際(伊丹)空港と福岡空港が指定されています。

また，障害防止の事業を行う空港周辺整備機構の設置を定めており，移転の補償や緑地帯等の整備が実施されています。施行令および施行規則により，防音工事を実施する学校等についての騒音の強度と頻度の基準は，国土交通省で告示に示されており，また，飛行場周辺は，3つの区域に区分され，それぞれ次のような対策が実施されています。

二つ目の法律は，「特定空港周辺航空機騒音対策特別措置法」であり，騒特法と略称されています。この法律は，「空港法」で指定する空港で，広範囲に騒音の影

区域区分	新基準値	対策の内容
第一種区域	L_{den} で 62 以上	住宅の防音工事助成
第二種区域	L_{den} で 73 以上	移転の補償
第三種区域	L_{den} で 76 以上	緩衝緑地帯などの整備

飛行場の区域区分と対策

航空機騒音については、環境基準が定められており、平成25年4月から評価量がWECPNLからL_{den}に改訂されました。

響が及んでおり，宅地化が今後も進むと考えられる特定空港について，土地利用の制限等の特別の措置を講ずるものとなっています。騒防法の特例法としての性格をもち，現在は，成田国際空港のみが指定されています。

(6) 航空基地からの騒音問題

米軍や自衛隊の航空基地については，内陸型が多いためもっとも大きな航空機騒音問題となっています。とくに，空母艦載機が実施するNLP(夜間離発着訓練)などは，夜間に大きな騒音が生じるため大きな苦情に原因となっています。

これら航空基地については，「防衛施設周辺の生活環境の整備等に関する法律」に対策が定められています。そこで，自衛隊または日米安全保障条約による施設および日米地位協定による施設・区域により生じる損失の補償等を行うことになっています。

内容は，公共用飛行場周辺の補償とほぼ同様になっており，航空機騒音等については，障害防止工事の助成，住宅の防音工事助成，移転の補償等，緑地帯等の整備，を実施することになっています。また，当該周辺地域の市町村に対しては，特定防衛施設周辺整備調整交付金等の交付が定められています。

なお，防衛施設(飛行場)周辺は，3区域に区分され，対策が実施されることになっています。また，在日米軍基地については，日米合同委員会において騒音制御の措置が合意されており，夜間の飛行訓練の制限などについて個別に取り決められています。

2　鉄道による騒音

(1) 鉄道騒音とは

　鉄道騒音は，通常は列車の通過による騒音を指し，工事用車両の騒音など列車以外の車両からの騒音は除かれています。また，鉄道敷地内で発生する作業場等の騒音や工事騒音も鉄道騒音とは別に処理されています。

　列車の通過に係る音の主たるものは，イラストのように，①転動音(車輪がレール上を転がるときの音)，②パンタグラフ音(集電音—パンタグラフと架線の間で発生する音)，③空力音(車両と空気の間で発生する音)，④高架構造物音(高架構造物に振動が伝搬して発生する音)，です。

鉄道からの騒音

　これらの騒音は，レールや車両の整備により大きく低減化されるものであり，タイヤフラット(使用中のスリップ等により偏平する平面状の磨耗)などがあると騒音が大きくなります。また，転動音は重量が小さいと小さくなり，パンタグラフ音はパンタグラフの数を減らしたり，パンタグラフカバーを設置することにより小さくなります。ちなみに，空力音は速度の6乗に比例するともいわれています。

(2) 新幹線鉄道騒音に係る環境基準

　鉄道騒音も航空機騒音と同様に，一般の騒音と異なる間欠騒音であるため，別途環境基準を検討することになりました。

　この審議においては，新幹線鉄道騒音が，当時の国鉄という特定企業に適用さ

れるものであることから，環境基準の性格に合わないとの意見もありました。しかしながら，騒音対策において関係行政機関の役割が重要な点をふまえて，環境基準として定められることになり，土地利用の制限など建築行政における対策が求められることになりました。具体的な新幹線鉄道騒音の環境基準は，表のとおりです。

類型区分		基準値
I	主として住居	70 デシベル以下
II	I 以外の地域	75 デシベル以下

新幹線鉄道騒音に係る環境基準

新幹線鉄道騒音に係る環境基準は，昭和 50 年に作成され，現況の把握や騒音対策が進められてきました。とくに，東海道・山陽新幹線における住宅密集地域等について当面の対策 (第 1 次 75 ホン対策) が実施されました。続いて，東海道・山陽新幹線における住宅集合地域等に対して第 2 次 75 ホン対策が実施されました。その後，東海道・山陽新幹線の住宅集合地域に準じる地域や東北・上越新幹線の住宅立地地域に対して第 3 次 75 デシベル対策が平成 14 年度を目標に実施されました。75 デシベル対策は，平成 18〜23 年に第 4 次までが終了した時点で，東海道，山陽，東北，上越の各新幹線では，75 デシベル対策の達成状況は 100 ％となりました。その後，各事業者が主体となって，第 5 次 75 デシベル対策を進めている状況です。

（3）在来線鉄道騒音

鉄道騒音のうち新幹線鉄道騒音については，訴訟が提起されるなど社会的に強い関心がもたれていましたが，在来線鉄道については，古くから地域に密着しており，大きな社会問題になることはあまりありませんでした。

しかしながら，道路交通対策として，都心部の鉄道踏切解消のために在来鉄道の高架化が実施されるようになり，問題が噴出しました。これらの工事については，環境アセスメントが実施され，高架鉄道の騒音問題が大きな議論になり，訴訟も起ることになりました。また，列車の高速・長大化，輸送力増強の複々線化などでは，日照問題など含めて在来線鉄道に対する環境対策を住民から求められる事態が多くなってきました。

在来線鉄道の騒音に対して，ポイントの改良，ロングレール化，高架部の遮音壁，鉄桁橋梁の改良，低騒音軌道，モータの改良，低騒音車両の開発などが実施

> 新幹線鉄道騒音については、環境基準が定められれていますが、在来線鉄道騒音については、これから論議されます。

されてきています。しかしながら，在来鉄道騒音の苦情は，引き続き多く提起されているのが現状です。

新幹線鉄道騒音に係る環境基準は，前述のとおり昭和50年に設定されましたが，在来鉄道騒音の環境基準はなく，基準を早期に作成するように要望が出されていました。

そこで，新幹線以外の在来鉄道騒音について，次の表のように，平成7年12月になって「在来鉄道の新設および大規模改良に際しての騒音対策指針」が評価量に等価騒音レベル（L_{Aeq}）を採用して定められました。ここでは，昼夜に区分して基準値を定めてあり，新線および大規模改良の主として環境アセスメントに使用され，通常の環境監視においても活用されています。

新線	昼間（7〜22時）	L_{Aeq} で60dB 以下
	夜間（22〜7時）	L_{Aeq} で55dB 以下
	住居専用地域等では一層の低減に努めること	
大規模改良線	騒音レベルの状況を改良前より改善すること	

在来線鉄道の騒音対策指針

3 自動車による騒音

(1) 道路交通騒音と自動車騒音

道路交通騒音の対策としては，道路等の改修，土地利用規制，交通規制，防音工事などが実施されていますが，交通量の増大とともに環境基準の達成が困難な地点もあり，「幹線道路の沿道の整備に関する法律」の改正など順次対策の整備が図られてきました。

そのなかで平成 7 年 7 月に，いわゆる国道 43 号線道路交通騒音最高裁判決があり，沿道住民に対する損害賠償が認められ，国や地方公共団体における道路交通騒音対策の一層の充実が求められることになりました。

道路からの騒音は，ほとんどが自動車からの騒音であり，沿道住民がもっとも気になるのもこの騒音です。この自動車騒音を，道路という施設全体からみて評価するのが道路交通騒音といえます。これらの道路交通騒音に対しては，「騒音に係る環境基準」のうち道路に面する地域の基準，「騒音規制法」の要請限度，が関連しています。

道路交通騒音とは，道路上のすべての交通に係る騒音を意味しており，自動車，原動機付自転車，軽車両および軌道・トロリーバスなどによる騒音の総称です。これらの騒音に，工場・事業所などによる周囲の騒音を加えたものが，道路に面する地域の環境基準として測定評価の対象です。一方，要請限度とは，公安委員会や道路管理者に対する騒音規制法に基づく緊急措置の要請等であり，環境基準のような目標値ではありません。

（2）環境基準と道路に面する地域

道路に面する地域とは，騒音に係る環境基準のなかにある言葉で，一般の地域に比べてゆるい基準が適用されています。道路に面する地域の解釈については，実務的に難しい点があり，解説としては，「道路に面する地域以外の地域（一般の地域）の環境基準を上回る道路交通騒音を受けている地域」となっています。しかし，一般的には，「騒音測定結果より，主たる音源が道路より発生する交通騒音であると認められる地域」として判断されています。これは，道路交通騒音の騒音対策に日時を要することから中間目標として設定された基準であり，なるべく早期に一般地域の環境基準値に統合されることが望まれます。さらに，幹線道路に近接する区域については，近接空間と呼ばれて特例的な環境基準値が適用されています。これは，環境基準が行政の目標であることから実現可能なものとして導入されたもので，道路端から 15〜20 m と定められたものです。

主たる騒音が道路交通騒音かどうかは，現行の等価騒音レベルのように鋭敏な評価量の場合は，判断がきわめて難しく，マクロ的な把握においては，道路端から一定の距離を道路に面する地域とするわりきった便法も検討する必要があると考えられました。

たとえば，環境省の騒音に係る環境基準の評価マニュアルによれば，道路に面する地域を便宜的に道路端から 50 m の範囲とし，環境基準の概略的な達成率を面的に評価することになっています。

48 / 第3章 いろいろな騒音

(3) 要請限度と常時監視

　要請限度とは，「騒音規制法」第17条に定められており，幹線道路などで道路交通による騒音が一定の限度をこえているときは，都道府県知事は，公安委員会への要請，道路管理者に対する意見または要請，を行うことができます。

　騒音規制法第17条の基準 (いわゆる要請限度) に基づき，①公安委員会に「道路交通法」の規定による車両の通行の禁止，最高速度の制限，徐行などの措置をとることの要請，②道路管理者に道路改善等の意見，を行うことができるとされています。この措置は，一種の緊急避難的に実施する対策であり，一定の条件により市町村長から要請をうけた都道府県公安委員会は，信号機の設置および管理，通行の禁止および制限，最高速度の指定および徐行すべき指定等の交通規制を行うことになり，意見が提出された道路管理者は路面の改良等の措置をとることになっています。

　要請限度の評価量についても，平成11年4月の騒音に係る環境基準の評価量が等価騒音レベルに改定されたことを受けて，等価騒音レベルが採用されています。要請限度については，環境アセスメントの目標値として使用する例が時々みられますが，きわめて不適切です。要請限度は，緊急避難的に実施する対策であり，環境の保全・改善の目標値ではなく環境アセスメントに使用すべきものではありません。

　また，「騒音規制法」には常時監視が規定されていますが，平成11年に「騒音規制法」第18条として自動車騒音の常時監視が，法定受託事務として追加されました。この改正は，道路交通騒音がきわめて厳しい状況にあることから，常時監視が騒音対策上で重要であるとの認識で改正されたもので，「大気汚染防止法」，「水質汚濁防止法」の常時監視規定に揃えて，今日の主たる騒音源が自動車であることから自動車騒音について，都道府県等における常時監視と環境省への報告が義務付けられました。

(4) 道路周辺の民家防音

　幹線道路周辺等では，道路交通騒音が著しい場合に道路管理者において民家の防音工事が実施されています。これは道路交通騒音に対して，短期的な実行性ある対策が困難なことから，緊急対策として騒音が著しい住宅に対して，実施されているものです。

　国においては，昭和51年7月の建設省都市，道路局通達「高速自動車国道等の周辺における自動車交通騒音に係る障害の防止について」により，高速自動車国道および自動車専用道路 (日本道路公団，首都高速道路公団，阪神高速道路公団に

かぎる）において，夜間 65 dB をこえる場合について，申し出により，防音工事およびクーラーの取付けを行うことを通知し実施しています。

また，同様の制度として，昭和 51 年 3 月に日本道路公団は「道路交通騒音により学校の機能が著しく低下する場合における費用の負担に関する処理方針」を定め，高速道路の新設区間において，開窓で 55 dB 以上，閉窓で 50 dB 以上となり静穏な室内環境を維持する必要がある場合には防音工事を負担することにしています。

（5）自動車単体騒音

単体規制とは，自動車等から発生する騒音の規制のことであり，「騒音規制法」では，普通自動車，小型自動車，軽自動車および原動機付自転車が法律の対象となっています。この自動車に対する規制は徐々に強化されてきており，現在では，昭和 50 年以前に比較して騒音パワーは大型車で 1/8 に，乗用車で 1/4 に低減されています。

自動車単体騒音は，機関系騒音，タイヤ系騒音に区分され，機関系騒音は，エンジン騒音，排気系騒音，吸気系騒音，冷却系騒音，駆動系騒音に区分されています。以前はエンジン騒音が大きな割合を占めていましたが，規制の強化により大幅に低下し，各音源の割合は近接しており，四駆車などではタイヤ系騒音の低減などが今後の大きな課題となっています。

現在では，機関系騒音の対策については限界に近づきつつあるともいわれていますが，より厳しい技術開発が求められています。相対的に，タイヤ系の騒音など，路面に大きく影響される騒音についての対策を着実に進める必要があります。

（6）道路における対策

道路周辺の騒音対策として，高架道路等には遮音壁が設置されることが多く，3 m 程度の高さの塀が広く用いられてきましたが，より大きな減衰量を求めて 5 m から 8 m にも達するものが使用されるようになってきました。しかし，このような高い塀は，景観や日照などの二次的問題を引き起すため，最近では，高さを抑え，かつ遮音性能の高い遮音塀が求められ開発が進みました。

これが，新型遮音塀であり，最近はいろいろな場所でみる機会も多いと思います。一般には，先端に特別な装置を付加した特殊形状の遮音塀の開発が種々行われてきました。吸音装置を取り付けたものや断面を複雑にしてマルチエッジにした分岐型のもの，さらにアクティブノイズコントロールを活用したものなど種々開発されています。

50 / 第3章　いろいろな騒音

新型防音壁

(7) 低騒音舗装

　ポーラスアスファルト (多孔質のアスファルト) を使った多孔質舗装は，路面の雨水等を除去して，安全走行を確保する透水性舗装として考えられました。この舗装が騒音低減化機能をももつことが明らかになり，イラストのように多孔質のため騒音が低減することから低騒音舗装と呼ばれるようになりました。一部では高機能舗装とも呼ばれており，幹線道路等に施工する排水性舗装と生活道路や駐車場等に施工する透水性舗装に区分されています。

低騒音舗装

幹線道路等では，不透水層 (基層) の表層に空隙率の大きいポーラスアスファルトの舗装を行うことで空隙をつくり，これによりタイヤ騒音を減らします。自動車のタイヤ騒音のひとつであるポンピング音は，タイヤの凹部と路面に封じこめられた空気が，圧縮されたのちにはじき出される際に発生しますが，この圧縮された空気を表層のポーラスアスファルトの空隙により開放することにより騒音が低減します。なお，時間経過でゴミがつまることなどによる騒音低減効果の減少も明らかになっていることから，ポーラスアスファルト等の改良検討等が行われており，耐久性を増すために2層式にした方式，ゴム系材料を活用した弾性低騒音舗装なども開発されています。

(8) バッファーゾーンとバッファービル

　自動車の騒音，振動，排気ガスは，道路から遠ざかるにつれて低減するため，道路と沿道居住地域の間に，緩衝区域の設置が考えられます。このように，発生施設と住居地域の間に設ける緩衝地帯をバッファーゾーンといいます。道路の場合は，歩道，自転車道，植樹帯等に利用されており，景観的にも優れているといわれています。「幹線道路の沿道の整備に関する法律」に基づく道路環境保全のための道路用地の取得および管理に関する基準による環境施設帯などがその代表例です。

　一方，幹線道路などの後背地における道路交通騒音の低減化のため遮音上有効な機能をもつ建築物 (群) を道路沿道に誘致することも行われており，イラストの

バッファービルと背後地

道路交通騒音は，人々の大きな関心事であり，自動車の単体規制としては，マフラー規制，タイヤ騒音規制，ブレーキ用の圧縮空気音規制などが追加されるとともに，騒音試験法の見直しも進んでいるんじゃ。

ように通常バッファービル (緩衝建築物) とも呼ばれています。道路沿道に設置した建築物 (群) で，防音壁のように後背地の道路交通騒音の低減を実現しようとするものです。

「道路沿道法施行規則」によれば，おおむね高さ 6 m 以上，道路に面する長さ 20 m 以上で耐火建築物，構造および形態が遮音上有効である建築物とされています。東京都等では，幹線道路沿道対策として緩衝建築物の建築費の一部助成を行っており，建築物後背地で 10 dB 以上の効果が認められています。

これら緩衝建築物においては，群れて建築することが効果的であることから，大きなすき間が生じないようにする，すなわち間口率を小さくする必要があります。なお，これらの施策を推進するため，環状七号線沿道等の各区では，建築物制限条例がつくられています。

4 建設作業による騒音

(1) 建設作業騒音とは

建設作業騒音は，一般的には高いレベルのものが多く，振動などを含めて苦情となる場合が多い騒音の筆頭です。「騒音規制法」においては，作業単位ごとに規制されていますが，工場事業場騒音の規制とは異なる手法が採用されています。建設作業騒音は，一時的な発生と考えられることから，騒音値よりは，時間規制に重点が置かれて規制されていることです。

そこでは，作業時間について夜間や日祭日の作業が禁止される一方，敷地境界の騒音基準値は，工場事業場規制に比べて高く設定されています。ただし，この建設作業は一時的と認められる必要があり，長期間にわたる場合は，工場事業場の基準値によることが損害賠償裁判で認められたこともあります。なお，この建設作業の騒音規制は，一つ一つの作業音ごとに規制されます。建設作業の内容は

建設重機等による建設作業の手引き

日々技術革新しており，これまでの特定建設作業に含まれない作業も多く存在しています。

最近の建設作業は，ほとんどの場合において重機を使って実施されており，これらの機器から生じる騒音振動と作業から生じる騒音振動が周辺に影響を及ぼしています。建設作業では，騒音対策と振動対策をまとめて実施する必要があり，環境省や地方公共団体から騒音や振動についてのパンフレットや指導要綱が発行されています。

さらに，建設資材の荷下ろし，作業員によるハンマー音，トラック等の出入り音，など多様な騒音が輻輳して作業現場では発生しています。そのため，作業単位での騒音測定が実務的には困難な場合も多く，工場事業場と同様に建設作業現場単位で規制すべきとの意見もあります。

(2) 建設機械のラベリング

最近の建設作業は，重機を使うことがほとんどであり，騒音の低減には建設機械からの騒音を低減しなくてはなりません。そこで，低騒音，低振動の建設機械

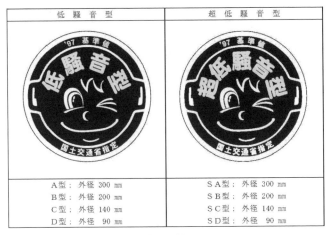

低騒音型建設機械のラベル

の使用を推奨する手法が議論され，騒音レベル等を共通の手法で測定して公表するラベリング制度が有効とされました。そのひとつに，国土交通省の実施している低騒音型低振動型建設機械(低騒音型と超低騒音型)の制度があります。一定の手法で測定評価され，図のようなラベルが機械に貼られており，工事現場などで目にすることもあると思います。

なお，低騒音型建設機械のうち，バックホー，トラクターショベル，ブルドーザ，については，環境省が，騒音規制法の特定建設作業の対象から除く告示を行ってこれらの建設機械の一層の普及を図っています。

(3) 解体工事の騒音

解体工事は典型的なクレーム産業といわれおり，騒音苦情や振動苦情では，常に上位を占めています。解体工事で苦情などの問題になりやすい事項は，①騒音・

建設作業、特に解体工事については、多くの苦情が出されており、工事において大きな騒音を出さない工夫と万全の配慮が必要です。

解体工事

振動，②アスベスト，③ねずみ，です。騒音・振動については，特定建設作業に当らない重機による作業や解体クズの搬出作業など，規制対象に該当しない場合も多くあり，周辺から多くの苦情が発生しています。アスベストは，過去に建築物で使用されたもので，解体時に注意が必要であり，ねずみについては，解体工事が始まると一斉に周辺の住居に逃げて苦情を発生させることがあります。

解体工事については，従来からブレーカー作業が騒音振動を発生させることから規制対象とされてきましたが，最近の解体工事では，いろいろな作業で騒音振動が生じ多様な苦情が生じています。建築廃材のスケルトンバケットによるふるい分け，場内を走行するダンプ等による騒音振動，発電機やポンプからの騒音，壁面を転倒解体させる音，足場の解体作業音などであり，必ずしも重機からの騒音振動とは限りません。騒音振動の規制や対策の開発についても一層の推進が求められています。

5 営業にかかる騒音

(1) 深夜営業騒音

騒音の苦情は，夜間にとくに強く訴えられるため，夜間に騒音が発生するおそ

56 / 第3章　いろいろな騒音

れのある営業については，一定の規制をかけており，深夜営業規制とよばれています。我が国では，深夜騒音は地域的特性がきわめて高いということで，地方公共団体が条例において必要な措置を講じることになっています。

　そこで，都道府県等で深夜営業の規制を行っており，①飲食店，②喫茶店，③ガソリンスタンド，④液化石油ガソリンスタンド，⑤ボーリング場，⑥バッティングセンター，⑦スイミングセンター，⑧ゴルフ練習場，などについて，住居地域での深夜営業の禁止等を行っています。

　この深夜騒音は，深夜に発生する騒音であることから，夜間の睡眠に影響を与えるためとくに注意が必要です。環境基準等の基準値において，夜間の睡眠に影響を与えない配慮から10 dB厳しくしているのも同じ考え方です。この深夜騒音は，店舗の内部で発生する騒音のみならず，そこに集まる利用者の自動車ドアーの開閉音，出入りに際してのざわめき声・嬌声，駐車スペースにたむろする若者の話し声などが含まれています。

（2）音響機器からの騒音

　苦情の多い騒音の一つとして，バー，喫茶店，カラオケボックスなどのカラオケ営業により発生する音響機器からの騒音があります。このカラオケ騒音は，①有意騒音で気になる，②騒音の発生時間帯が睡眠時間である，③カラオケは音が大きいほうが好まれる，などにより問題が発生しやすい騒音です。

　一般にカラオケを行っている部屋の内部では，100 dBをこえる騒音の発生も珍しいことでなく，とくに低い周波数の成分は，遮音されずに容易に窓や壁を透過するといわれています。通常の雑居ビルやマンションの一室で営業する場合の方が，専用のカラオケボックスを設置して営業する場合に比べて苦情の発生が多い傾向があります。

　カラオケを専門に営業する事業を一般にカラオケスタジオと呼び，通常は，カラオケボックスとよばれる防音性能の良いボックスを独立した建物やビルの一室に設置して営業されています。騒音面からみると防音施行されており，この種のボックスについての騒音問題は減少していますが，ドアの開け閉め時に騒音が漏れる等の苦情はあり，十分に注意して営業する必要があります。

　これらカラオケスタジオについては，非行防止等善良な風俗環境の保持の面と騒音等による住民生活への侵害を防止するために，日本カラオケスタジオ協会などでは，自主規制の運営管理基準を定めており，適切に営業されることが望まれています。

（3）拡声器の騒音

拡声器は，スピーカーとも呼ばれ，音声などを広い空間に放射する機器で，拡声機と記述される場合もあります。騒音対策としての拡声器使用に関しては，各地方公共団体の条例により規制されています。拡声器の騒音として通常考えられるものは，①商店街有線放送，②商店店頭放送，③移動販売車，④航空機からの放送，⑤学校等の放送，⑥競技場等の放送，などです。

一般に，拡声器の騒音レベルが，周りの騒音レベルより 10 dB 以上高いと苦情が発生するといわれています。そこで，音量の調節などきめの細かい措置が求められています。

また，学校で行事に利用されているトランペット型のスピーカーなどは遠方まで高レベルの音を発生している場合も多く，苦情が発生します。この場合は，防水型のコーンスピーカーを複数分散配置し，高レベルの音の発生場所を校庭内に限定する，などの対策が指導されています。

6　屋外で生じる騒音

（1）開放型事業場

騒音や振動の規制は，工場事業場に対して行われていますが，建屋はないが建設重機や機械設備により騒音を発生させている事業場があり，開放型事業所あるいは開放型作業場とよばれています。これらの事業所は，主として都市内の空き地に，上屋などの建物を設置せず，資材置場，積かえ場，残土処理，廃品回収，ダンプや重機の置場などとして使用される事業場です。建設工事等の増加，都市化の進展，夜間活動の増大により，これらの施設からの騒音・振動による苦情が増大しており，対策の強化が望まれています。

これらは，通常の工場事業場とは若干異なるため，特別に条例を制定したり，特定工場等に類するものとして条例規制を実施している地方公共団体もあります。これらの騒音は，建屋がないため，作業時間の規制，防音塀の設置，低騒音・低振動型建設機械の使用，作業場所を住居側から離すこと，作業内容の工夫などが必要です。

（2）街宣車と暴騒音

一般的な拡声器のほかに，政治的宣伝等を目的として高声によるアジテーション等の行為が行われています。これらの騒音は暴騒音と呼ばれ，音による暴力ととらえられており，ほとんどの都道府県では「拡声機による暴騒音の規制に関する

条例」等により取締りが実施されています。これら暴騒音とは，「装置から 10 m 以上離れた地点で 85 dB を超えるもの」と定義されており，騒音というよりは，音の暴力として，公安委員会所管の条例となっています。

また，同様に国会周辺における宣伝活動を規制する法律として「国会議事堂等周辺地域の静穏の保持に関する法律」もつくられています。

(3) 暴走族と騒音

暴走族とは，公道上を自動車やバイクで集まり，違法な運転を繰り返し，騒音のまき散らしを行っている集団のことで，「道路交通法」第 68 条に定める共同危険行為，その他 2 台以上の自動車等で連ねて通行を行いながら著しく危険・迷惑な行為を行うことを目的に結成された集団を指しています。夜中に改造バイクや自動車を高騒音で走行させるため，居住者等からは騒音により眠れない等の苦情が殺到しています。最近では，単にスピードを競うだけでなく，道路を占拠したりして通行人や住民に迷惑をかけることを目的とする場合もあり，一部では，グループ同士のけんかに備えて金属バットを所持するなど凶悪化も進んでいます。

これらについては，共同危険行為として警察が取り締まっていますが，深夜や特別な祭日などに集まって騒ぎを起したり，路上を暴れまわるルーレット族，環状の高速道路や峠道を高速で違法競争を行うローリング族，一般道路で車をスリップさせるドリフト族，などが横行しています。

この暴走族によるドリフト走行やスピンなどによる集団暴走行為，傷害事件の発生，夜間の高騒音による地域住民への騒音被害等が続発していることから，県や市レベルでの「暴走族禁止条例」の制定も進んでいます。

(4) 夜間の人声

深夜営業騒音でも述べましたが，営業にかかわりなくとも，住宅地の公園などで夜間に若者がたむろしてざわめき声・嬌声等がうるさいと苦情になります。夜型の人が増えたとはいえ，住宅地における夜間の睡眠を守ることは重要ですから，

騒音苦情のなかで人声にかかるものは、気になる音として苦情になりやすく、互いに注意する必要があります。

これに対してモスキート音を発生させる装置を検討するなど，対策に苦慮している場合があります。このモスキート音とは，年配者には聞こえにくい高周波の音を発生させ，聞こえる若者にとってはうるさく感じる音で行為をやめさせる効果を期待する装置ですが，周辺に若年者もおり，最善とはいかないようです。いずれにしても夜間の人声は周辺住民に迷惑を与えるものであり，生活のマナー向上の取組が求められます。

（5）車内騒音と「とらわれの聞き手」

我が国における列車内の放送については，諸外国に比べて過剰ではないかとの指摘もありましたが，サービスの一環や安全確保の手段とされてきました。そのなかで，大阪市営地下鉄車内宣伝放送差止め請求事件の最高裁第三小法廷判決において，伊藤正己裁判官が補足意見として述べたなかに，放送を聞くことを強制される乗客は「とらわれの聞き手」との指摘がありました。この裁判では，地下鉄車内の商業宣伝放送について争われ，この放送には違法性がないとされましたが，補足意見として，我が国の音に対する認識不足を指摘して，「とらわれの聞き手」に対しては，一般のプライバシーとは異なる評価も必要であると述べました。

今後は，鉄道各社とも必要最低限の放送とし，商業宣伝については，十分に留意する必要があります。

7 住宅設備などの騒音

（1）屋外設置機器からの騒音

最近，「エコキュート」という用語をしばしば目にしますが，「エコキュート」とは，ヒートポンプを利用して空気の熱で湯を沸かす電気給湯器であり，冷媒には二酸化炭素が使われています。「エコキュート」という名称は，日本の電気業界が使用している愛称で，登録商標となっています。

一般には，価格の安い深夜電気料金を使ってヒートポンプで湯をつくり，貯湯タンクに温水を貯めて使用するもので，給湯のほか床暖房に利用するなど多性能な製品も販売されており，とくに電気設備業者がオール電化の主力製品として販売に力を入れています。

「エコキュート」からは，ヒートポンプの低い周波数の騒音が発生し，とくに，夜間では気になるとの苦情が多く生じています。この苦情を調査すると，極端に隣家に密接して設置されたりしており，この種の家庭用設備についてはある程度

設置・使用のガイドブック

のスペースが必要な点に留意しなければなりません。設置・使用のガイドブックが重要と考えられます。

　設備機器などの使用にあたっては，単体規制や騒音ラベリング制度が確立しても，設置方法や使用方法が適切でなければ，騒音苦情が生じることになります。

屋外機器の設置

騒音施策では，単体規制や騒音ラベリング制度とともに，日本冷媒空調工業会が作成した「設置・使用ガイドライン」等により適切な設置方法を普及させることがきわめて重要と考えられています。

最近の住宅では，従来に比べて家庭用設備機器が多く使われるようになっており，屋外にいろいろな設備が設置されるようになってきています。しかしながら，イラストに示すように極端に隣家に隣接して屋外機器を設置したり，隣家のすぐそばで使用したりすることなどが，無用な摩擦や騒音苦情を招いています。このように設置・使用状況が不適切であるならば，いくら単体での低騒音化を図っても苦情防止につながりません。騒音振動の影響を考慮して機器の設置を行い，周囲へ配慮して建設工事を行うように機器ごとに設置・使用のガイドラインなどを作成して，事業者側の配慮や行政指導に活用していくことが求められています。

(2) 床衝撃音とフローリング

フローリングとは，木質系の床仕上げ材の総称であり，床を板張りにすることを意味する場合もあります。一般にカーペットに比べて意匠性が高く，ダニの心配はないことから人気が高いのですが，遮音性能が低く，下階に音が伝わりやすく，問題が生じています。マンションの管理組合規約でフローリングを禁止している例も多くありますが，乾式二重床などの開発も進んでおり，スラブを厚くした，フローリング仕上げの新築マンションも増えています。

一般に，フローリング仕上げは，床衝撃音に対する性能が劣っており，軟質仕上材や防音処理材，浮き床構造など適切な防音工事を行い，騒音振動が発生しないようにする必要があります。リフォーム時には上下階の同意が必要など，トラブル防止のために団地管理組合の管理規約に明記することが望まれます。

(3) 給排水装置からの騒音

一部の集合住宅で問題になっている課題で，給排水騒音としてしばしば問題となるのは，台所の水栓などから直接放射される音というよりは，イラストのよう

最近エコキュートなどヒートポンプの屋外設置機器についての苦情や相談が急増しているんじゃ。これらの機器の設置場所については，隣家に迷惑がかからないように十分に配慮することが必要じゃ。

62 / 第3章　いろいろな騒音

給排水装置と騒音

に管路や構造体を伝わってくる固体伝搬音です．この音は，給排水管を伝わり建物中に伝わり，トイレなどの夜間の水使用でも苦情が発生しています．給排水騒音の対策としては，低騒音機器，防振支持，配管と機器の振動絶縁，居室と離れたところに機器室を設置するなどの対策がとられます．

(4) 夜カジ族の騒音

　夜カジ族とは，ライフスタイルの変化により，帰宅後の夜間にカジ(家事)を行う人たちをさしており，共稼ぎ，単身者など夜の時間帯を中心に家事を行う人が増加しています．彼らは，洗濯機，乾燥機，クリーナーなどの家電製品を夜に使用することが多いことから，マンションや近隣で夜間騒音が問題となることがあります．家電機器の使用に関して十分な配慮が求められるとともに，洗濯機などに騒音対策を施した静音家電の開発も進んでおり，普及が求められます．

　この静音家電という言葉は，電気洗濯機「静御前」の発売により，広まった言葉といわれています．静かな家電製品のことであり，夜カジ族など夜間に洗濯す

夜カジ族

る人が増えたために，最近では夜カジ家電とも呼ばれ，各社で開発が進んでいます。消費者における家電の選択においても省エネに続いて低騒音，低振動の機器が買われるようになっています。とくに洗濯・乾燥機や掃除機の低騒音化が進んでおり，これらの家電購入により家事を夜間にシフトする人も多くなってきているようです。

(5) ペット騒音

最近，集合住宅を中心にペット騒音の苦情が増加しています。我が国の「動物愛護法」においては，ペットの飼い主は，鳴き声などにより他人に迷惑をかけないように努力しなければならないと定められており，集合住宅などにおいては，近隣トラブルを避けるため団地管理組合の規約で熱帯魚等を除いてペットの飼育を禁止または制限している場合も多くあります。このペット騒音については，行政機関により相手側に注意を求める指導も行われていますが，最終的には，損害賠

償請求や飼育差止め請求が起こされている例がみられます。

　そこで，環境省では，飼育頭数の増加とライフスタイルの多様化から近隣住民とのトラブルや感情的対立が増えているとして，平成 22 年 2 月に「住宅密集地における犬猫の適正飼養ガイドライン」を作成して指導に努めており，都道府県でも同様の飼養ガイドラインがつくられている例が多くあります。

　環境省ガイドラインでは，住宅密集地においては，鳴き声が大きく，よく吠えるなどの特性のある犬種は好ましくなく，鳴き声で近隣に迷惑をかけないようにできるだけ室内で飼うようにと記述されています。また，遠吠え，夜鳴きなどは，トラブルの主な原因になっており，とくに集合住宅では，大きな問題に発展している場合も多く，他人のことを考えずに犬猫を飼育するのは控えなければならないとされています。

　犬の鳴き声については，各国で規制が実施されており，米国やドイツでは，罰則も設けられているようです。一方，我が国では，団地などの管理規約において，ペット公害防止のためにペットの飼育を禁止している例が多くみられます。しかし，高齢者・単身者の増加に伴い，管理規約に反して密かに犬猫を屋内で飼育する人も増えており，野良犬・野良猫も住宅地で大きな問題になっています。これらを含めて環境省では，適正飼養をルール化して，かつ鳴き声の大きくない犬種を限定するなどの方法により，条件付で飼育も認めることも考えられるとしています。

8　静穏地区での騒音

(1) 爆音器の騒音

　爆音機とは，「雀おどし」とも呼ばれる農家が使う鳥獣被害防止用の機器で，LPガス等を用いて大きな爆発音を出し鳥獣を追い払うものです。比較的静穏な田園

夜、住宅の近くで花火をする場合には苦情になりやすいので、周りに十分に注意しないといけないんですね。

地域で使用される音の機器であり，かなり大きな音が発生します。周辺から騒音苦情が生じることも多く，雀などが音に慣れてきたことから，電子音を使う機器も販売されています。

爆音機の例

　これに対して，各地方公共団体では，夜間・夕方は使用しない，住居に近い場合，たとえば200m以内では使用しないなど，要項や，場合によっては条例により規制を行っています。
(2) 花火と騒音
　花火は，夏の風物詩として多くの国民の楽しみであり，比較的静穏な場所において実施されますが，専門業者によるイベントの実施に当っては周辺住民の了解が必要です。これとは別に，日常的に夜間の海岸などでグループが花火やバーベキューを楽しむことによる騒音苦情が発生します。花火の音のみならず，嬌声を上げて夜おそくまで，静穏な海岸地区などで騒ぐことがあり，周辺住民からの苦情を生じさせています。
　花火の音には，爆発による破裂音として，打ち上げ時の発射音，打ち上げ花火が開く際の燃焼音，イベント開会時の音花火の雷音，燃焼等による音として，音を出すことにより観客をひきつける形式の花火の音，があります。いずれも衝撃的・間欠的であり，騒音苦情となりやすいものです。
　花火大会などは，地域住民にとって重要なイベントでもあり，過剰に音がでないように花火の種類や時間について適切に検討して会場周辺の住民との合意形成に留意する必要があります。さらに，グループで花火をしながら騒ぐことについては，深夜における静穏を保持する見地から，地方公共団体においては，夜間の花火に対する条例を制定して騒音苦情が発生しないように措置している例もあり

川原における花火

ます。

(3) ナチュラル・クアイエットと静穏地区

　ナチュラル・クワイエットとは，自然の音を大切にしようという考え方で，自然の静けさと訳されることが一般的です。自然の中で余暇を楽しむ際などに「自然の音 (静けさ)」を大切にし，騒音などに邪魔されない静けさを求めるという考え方で，欧米などで広がっています。

　自然のなかで突然発生するモーターボート騒音，ヘリコプター騒音，営業の拡声器騒音，何らかの事業所騒音など，「自然の音 (静けさ)」をかき消す音を問題としてとらえています。

　また，これらの良好な自然のなかで旅行者等が嬌声をあげたり，過剰な音量の音楽を流したりすることもひかえられなければなりません。1998 年にはニュージーランドでレクリエーション騒音に関する国際シンポジウムが開催され認識が進みつつあります。我が国では，この点への理解はまだ低いのですが，「エコツーリズム推進法」などでは，騒音を発する行為の禁止が記述されおり，施設等に対する規制を含めて，この種の問題に対する感心が今後は高まってくると思われます。著しい騒音の低減はもちろんのこと，良好な音環境を守るため静穏地区として積極的に保護する必要があります。

第4章　騒音問題の解決

1　騒音関係の法令

　騒音問題は，多くの国民にとって常時直面しているというものではありません。近くで大規模なビル建設工事が始まったり，隣家が空調室外機を設置したり，新しい工場や道路が建設されたりすることにより騒音が気になり出します。ほとんどの人にとって，始めて騒音問題に直面する事が多く，法令でどのようになっているかも普通は知識がなく，当事者としてうろたえてしまうことがあります。そこで，基本的な騒音基準と仕組みについて記述します。

（1）基準の考え方

　騒音の基準は，発生源側と受音側で考えられており，混合してはいけません。規制基準は，発生源側の放射（エミッション (emission) に関するものであり，一方，環境基準は受音側の暴露（イミッション (immission) に関するものです。この違いについてはイラストに示しましたが，十分に認識して対応する必要があり，規制基準と環境基準を混同しないように注意しながら，対処する必要があります。

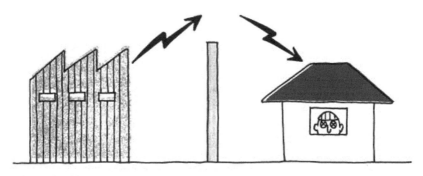

エミッションとイミッション

68 / 第4章 騒音問題の解決

もうひとつ重要なのが，単体規制と集団規制です。単体規制とは，自動車などの個別の発生源からの騒音の規制であり，集団規制とは，道路など多くの発生源が集合している施設に関する規制のことです。交通騒音について，区分して整理すると，表に示すとおりです。

区分	単体規制	集団(施設)規制・目標
航空機騒音	航空法に定める耐空証明	航空機に係る環境基準
自動車騒音	道路運送車両法に定める保安基準	道路に面する地域の環境基準、要請限度
鉄道騒音	———————	新幹線に係る環境基準

単体規制と集団規制

なお，そのほかの対策として，前述した国土交通省の規程による建設機械の騒音ラベリング制度があるほか，一般の機械についても一部業界による騒音ラベリングが実施されており，いずれも，一種の単体規制として機能しています。また，騒音規制法の工場事業場騒音規制は，特定工場についての規制であり集団(施設)規制として効果をあげていますが，建設作業騒音規制は，建設作業ごとの単体規制であり，今後の在り方を検討する必要があります。

(2) 騒音の環境基準

環境基準という言葉は，比較的よく耳にすると思いますが，なかなか正確に理解している人が少ない言葉のひとつでもあります。環境基準は，「環境基本法」第16条に定義されており，「人の健康を保護し，及び生活環境を保全する上で維持されることが望ましい基準」と記述されています。これをそのまま理解すると，許容限度や受忍限度のように読めますが，まったく違います。

もともと，環境基準は，「公害対策基本法」により初めて設定されたもので，規制基準のみでは，進行する環境汚染に充分に対処できないとの認識から，「個々の汚染が集積した全体としての環境を改善するために，個別の排出規制を合理的に実施してゆく」ことの目標値として定められたものです。

ちょっとわかりにくいので整理すると，環境基準は，発生源の集積による汚染の絶対量の増加というものに着目し，排出等の規制，施設設置の規制，公害防止施設の整備，自動車公害の対策，土地利用の規制等の環境対策の実施にあたり，どの程度の環境濃度等を目標とするかを定めたもので，環境対策を総合的に実施する上での「行政上の目標」とされています。

しかしながら，イラストのように1つの工場からの公害の排出をおさえても，

複数の発生源からの騒音

近くに幹線道路があれば、周辺住民の受ける影響は確実に増加します。個別の規制も重要ですが、たとえば騒音に暴露される側からみれば全体としての騒音を削減することこそ重要であるとの考え方によっているのです。

なお、最近では、騒音に係る環境アセスメントにおいて、しばしば複合騒音についての評価を求めるという意見が付けられることがありますが、これも全体としての騒音状況を重要視する考え方によっています。

堅苦しい説明が続きますが、騒音に係る環境基準を審議した昭和45年12月の生活環境審議会の第一次答申には、次のように記述されています。

> ① 環境基準は、騒音の影響から人の健康を保護し、さらに生活環境を保全する観点から定められるものであること。
> ② 環境基準は、騒音による公害を防止するための行政目標として定められるものであること。

環境基準の説明

しばしば環境基準を「最大許容限度」や「受忍限度」と誤解して、アセスメント等で使われている場合があります。静穏な地区で環境が良好な場所に新たに発生源施設がつくられる場合などに、環境基準値までは、騒音の発生が可能、容認されているなどと誤った認識が生れ問題が生じているのは嘆かわしいことです。

たとえば、環境基準を最大許容限度とするならば、その限度までは「やむを得ない」ということになり、公害・環境政策としては後ろ向きできわめて不適切です。現に良好な環境は、可能な限り維持するのが環境施策の基本であり、環境基

70 / 第 4 章　騒音問題の解決

準を許容限度とする見解は適切でありません。

　また，環境基準を司法で使われる「受忍限度」とするならば，この限度までは我慢すべきということになり，公害・環境対策としてはきわめて消極的といわざるを得ません。優れた環境は，地域住民の要求するものであり，科学技術の発展に合せて，よりよい環境を創造・維持することは，国等の責務であり，環境対策は，逐次推進していくべき方向を本質的にもっています。

　ここで，法令における基準の考え方を表に整理しましたが，環境基準は，「当面の政府の目標」で，良好な環境であるならば，原則としてその状況を保全することが環境行政の基本である点を理解してください。

項　目	基本的考え方
環境基準	好ましくない騒音環境を速やかに引き下げて良好な環境にするための当面の政府の目標であり、騒音規制法などの諸施策により実現する。
騒音規制	騒音発生施設の周辺において、規制基準値以下にするように罰則を設けて法律・条例で強制するもので、これにより環境基準の達成を目指すことになる。
苦情処理	新たな環境問題や規制基準を越えていない状況で生じるもので、周辺の状況、過去の経過、技術上の問題などを総合的に判断して騒音低減などでの解決を図ることになる。
環境影響評価	一般に、新たに騒音発生施設を設置する場合は、環境保全目標等を定めて一連の手続きで合意形成するものである。

法令における基準の考え方

　なお，騒音が発生する道路等の新設がまったく認められないというものでもなく，現に良好な環境にある場合は，公共の利益に照らして，現状より「どの程度の上昇で地域住民と合意形成できるか」ということが基本的な視点になります。当然，環境基準が設定されている場合は，これがクリアーされている必要があります。

　なお，設定された環境基準は，絶対的かつ不変という性格のものではなく，常に適切な判断が加えられ，必要な改定がなされなければならないとされています。これは，科学的な調査研究の進展によって，人等に対する新たな影響が判明したり，新しい汚染物質が発見されたり，防止手法が大きく進歩したりすることが考えられるからです。また，環境基準の測定結果や達成状況は地域住民などにとって必要な情報であり，これらは，常に公表され環境基準についての検討に活用されるべきものです。

（3）騒音規制法と規制基準

　現行の「騒音規制法」は，3つの対象，すなわち①工場事業場騒音の規制，②建設作業騒音の規制，③自動車騒音に係る要請限度等を定めることにより，国民の生活環境を保全し，健康を保護することを目的としています。政府の目標である環境基準を達成するための主要な対策の一つと位置づけられており，また，地域住民からの苦情や相談等に適切に対処するためにも参考として活用されています。

　この「騒音規制法」が適用される規制地域については，当初は，市街地を対象に東京23特別区と人口10万以上の市を対象としていました。しかし，我が国における急激な都市化への対応や公害対策の充実を求める世論のなかで，昭和45年の「公害国会」において，規制地域を「生活環境を保全すべきすべての地域」に拡大しています。現在では，生活環境を保全する観点から，住居が集合している地域，病院または学校の周辺地域，その他の騒音を防止することにより住民の生活環境を保全する必要がある地域を知事および市長が指定することになっています。

　この指定地域は，工場事業所騒音，建設作業騒音，自動車騒音の要請等，のいずれも同一地域について適用される仕組みです。一般に公害の規制は，全国一律に適用されますが，騒音の影響は，発生源の近隣に限られることが多く，生活実態のない地域などを指定する意味はないと考えられています。そこで，知事や市長が地域を指定する「地域指定方式」が採用されており，具体的な事項を告示することになっています。

　なお，地域指定にあたっては，しばしば都市計画上の用途地域に基づいて指定されますが，これは絶対的なものではなく，用途地域の定めがない場合であっても，指定する場合もありますし逆もあり得ます。ただし，用途地域は現在の土地

区域	解説	昼間	朝夕	夜間
第1種区域	良好な住居環境の地域	45デシベル以上 50デシベル以下	40デシベル以上 45デシベル以下	40デシベル以上 45デシベル以下
第2種区域	住居の用に供されている地域	50デシベル以上 60デシベル以下	45デシベル以上 50デシベル以下	40デシベル以上 50デシベル以下
第3種区域	住居の用にあわせて商業、工業等の用に供されている地域	60デシベル以上 65デシベル以下	55デシベル以上 65デシベル以下	50デシベル以上 55デシベル以下
第4種区域	主として工業等の用に供されている地域	65デシベル以上 70デシベル以下	60デシベル以上 70デシベル以下	55デシベル以上 65デシベル以下

工場事業場騒音の規制基準

72 / 第4章　騒音問題の解決

の状況からおして，将来の計画を織り込んでいると解釈すべきものであり，一般的には，両者に大きな隔たりは無いと考えられています。

　工場事業場の規制は，事前規制と呼ばれる届出と事後規制と呼ばれる基準値の遵守が定められています。このうち基準値については，俗に L5 規制と呼ばれていますが，4つの騒音レベル4つの時間変動パターンに区分して評価量が定められています。具体的な値については前頁の表の範囲において，知事および市長が告示することになっており，地域により基準値は異なっています。

　建設作業の基準値については，作業が一時的との前提から騒音レベルより作業時間の規制を主眼がおかれており，次の表のように定められています。

---

① 敷地境界で 85 デシベルを超えない。
② 原則として夜間に発生させない。
③ 原則として 1 日 10 時間（一部では 14 時間）を超えないこと。
④ 原則として連続 6 日を超えないこと。
⑤ 原則として日曜日・休日に行われないこと。

建設作業騒音の作業時間等の規制

　道路交通騒音については，単体規制として環境大臣が許容限度を定めて，国土交通大臣がそれに基づき「道路運送法」に基づく保安基準を定めることになっています。さらに，緊急措置に相当するものとして要請限度が規定されています。これは，市町村長が道路の管理者および交通の管理者である警察に措置を要請したり意見を述べることができることになっています。

（4）条例による規制

　騒音の規制は，今まで述べた騒音規制法のほかに，都道府県条例等によっても実施されており，法令事項以外については，当然ながら条例により措置されるべきものです。

　これについては，①法律を補完するものとしての工場事業場騒音・建設作業騒音の規制，②全国的に条例で実施されている拡声器騒音・音響騒音・深夜営業騒音の規制，③条例独自の騒音規制，に大別できます。

①　工場事業場騒音・建設作業騒音の規制

　これについては，「騒音規制法」で対象となっている施設や建設作業に加えて条例で追加して規制を行うものです。具体的には，①法令よりも対象規模を引き下げる，②別の対象を追加する，③法律とは異なる視点で工場等を規制する，とい

う場合があります。騒音規制法での新規の対象の追加については，上記のように都道府県条例において相当数の規制が実施されると検討されることになっており，各都道府県における規制対象の見直しが，騒音政策としてはきわめて重要になります。

② 拡声器騒音・音響騒音・深夜営業騒音

「騒音規制法」には，拡声器騒音，深夜騒音などは地方公共団体で規制するとの記述があることから，これらも法律で決っているように思われる場合があります。ただし，これらの規定は入念規定と言い，念のために記述したという程度のことで，最近の地域主権の考え方からは不十分な規定ともいわれています。しかしながら，国にとして地方公共団体に，これらの騒音についての規制実施をとくに促したものといえ，規制は全国で実施されています。

③ 条例独自の騒音規制

これについては，表に有名な条例等を例示しました。それぞれの事情によりユニークな規制もあり，今後とも地域の主体性で，具体的に検討を行っていくことが求められます。

条　例	団体名	概　要
モーターボート騒音	山梨県	富士五湖の静穏保持
爆音機規制	都城市ほか	いわゆる雀おどしの規制
開放型事業場の規制	横浜市ほか	材料置場等の建屋のない事業所規制
沿道建築制限条例	世田谷区ほか	バッファービル誘導のための建築制限
空港周辺の建築制限条例	成田市ほか	特定空港周辺の騒音対策の建築制限
夜間花火の禁止	鎌倉市ほか	夜間海辺における花火騒音対策
風車騒音の規制	兵庫県	風車についての事後規制
公害苦情相談員の設置	東京都ほか	公害苦情相談員の設置等
夜間営業の外部騒音規制	横浜市	駐車場の人声等を規制
クーラー音等の規制	別府市ほか	クーラー等からの騒音規制
建築物等の解体工事対策	世田谷区ほか	解体工事についての事前届出

独自の騒音規制条例

（5）その他の法令による騒音対策

① 公害防止組織の整備に関する法律

この法律は，公害防止管理者制度について定めたもので，事業者の公害に対する認識を転換させるために，工場等に公害防止に責任をもつ者や公害防止対策を

分担する技術者を配置するように制定された法律です。

公害防止管理者等を設けなければならない業種として，①製造業，②電気供給業，③ガス供給業，④熱供給業，と定められています。騒音に関しては，騒音規制法の規制地域内の工場で，騒音発生施設として①機械プレス，②鍛造機を有している事業者は公害防止管理者等を専任しなければならないことになっています。最近は，それぞれの事業者におけるコンプライアンス（法令遵守）と主体的取組が求められていますが，平成18年には，千葉県下で報告データの捏造事件が発覚しており，公害防止管理者の選任と公害防止へのいっそうの取組が求められています。

② 環境影響評価法と環境影響評価条例

「環境影響評価法」は，事前の環境への影響評価を行う手続きを定めた法律であり，法令により国の許認可等が必要な事業が対象とされています。具体的には，①第一種事業として道路・ダム・鉄道など12事業種で規模の大きい事業，②第二種事業として第一種に準じる事業で環境影響が著しいと判定された事業，が対象になっています。規模が小さいなど，この法律の対象外の事業については，条例で同様の手続が定められています。

環境影響評価においては，騒音予測式で予測計算と評価が実施されます。道路交通騒音，航空機騒音，個別機械等からの騒音などについては確立した手法がありますが，その他の分野については，徐々に研究が積み重ねられつつあります。なお，これらの予測計算については，事後の検証が十分に行われ，より精度の高いものにしていくことが求められています。

この「環境影響評価法」については，制定から約10年をこえ，最近，見直しが実施されました。そこでは，法施行により浮び上がった諸課題や，生物多様性の

騒音に関係する法律や条令は、たくさんあるので気をつけねばならん。なお、環境基準が許容限度や受忍限度のように勘違いされている場合があるんじゃが、環境基準は、著しい騒音状況を改善するための政府の目標値として定めたもので、環境基準値まで騒音を出してよいと決められたものではないんじゃよ。
念のため・・・・

保全，地球温暖化対策の推進，地方分権の推進，強制手続きのオンライン化等の社会情勢の変化に対応するための改正が行われました。計画段階配慮手続きの追加と風力発電施設の対象事業への追加などが主要な改正点です。

　この計画段階の手続とは，個別の事業段階における手続とは異なり事業の意思決定段階で実施される環境影響評価のことです。これは，①事業化以前に環境アセスメントを行わなければ効果的でない場合もある，②個別事業のみならず，すべての意思決定で環境保全に配慮させる，との考え方から考え出されたものです。

　なお，事業アセスメントより以前に実施される戦略的アセスメントについては，主要国で導入されている例も多く，従来の事業アセスメントよりも環境配慮で柔軟な対応と効果が期待されており，我が国でも重要な検討課題となっています。

③　道路沿道法

　正式名称は，「幹線道路の沿道の整備に関する法律」であり，昭和55年5月に制定された比較的古い法律です。ここでは，沿道整備道路が都道府県知事が指定すると，沿道整備協議会が設置され沿道整備計画が作成され，建築物に関して遮音上必要な事項，緩衝空地等の配置，その他土地利用に関する事項，が定められることになっています。

　なお，沿道整備道路とは，日交通量が40000台，夜間の路端における騒音レベルが60dB以上のものを指定することになっており，耐火構造物等の緩衝建築物（バッファービル）を誘致して，後背地の住宅での騒音低減を図っています。道路交通騒音の削減についての技術開発等は現実的には相当の年数が必要なことから，住宅地での環境保全を当面の課題とする場合には，有効な対策と考えられています。この沿道法による対策を進めている東京都では，沿道整備道路が通過する各特別区で建築制限条例が定められ，間口率，最低高さ，遮音構造，防音構造などの規制が実施されています。

④　風俗営業法

　正式には，「風俗営業等の規制及び業務の適性化等に関する法律」と呼ばれ，昭和23年7月に制定され，キャバレー等の接客業，バー・喫茶店などの飲食店，パチンコ等の遊戯施設，などを規制しています。このなかで，立地規制，営業時間規制，照度規制等のほか，第15条に騒音と振動についての規制が定められています。

　騒音については，日出～8時，8時～日没，日没～0時，0時～日出，に区分して地域ごとに上限が定められており，具体的には，都道府県の施行条例で定められています。「騒音規制法」などとは異なり，日出，日没により規制時間が定めら

76 / 第4章 騒音問題の解決

れているのが特徴的です。

2 紛争や苦情に対する仕組み

　騒音については，当事者における話し合いで合意形成ができればこれにこしたことはありません。しかしながら，経費のかかる場合も多く専門的知識も必要であり，簡単に話し合いが成立しない場合も多くあります。そこで，騒音問題を解決する仕組みについて概説します。

(1) クレームと事業活動等

　騒音が不快な状況にあると，発生者にクレームをいうのは常々行われていると考えますが，近隣関係を壊したくないとして我慢をする場合なども相当あります。そこで，行政機関等に対応を求めることもありますが，行政機関では騒音苦情として処理されます。ところで，ここでいうクレームと苦情では，若干ニュアンスが異なっています。事業者や隣人に対するクレームは，対策の実施や損害補償が要求されます。行政に対する苦情は，公平の観点から実施されるものであり，専門の相談員が設置されている地方公共団体もあり，速やかに法令に基づく措置や行政指導が求められます。

　なお，クレームについては，繰り返し過剰なクレームを行うクレーマーなどが，ときどきマスコミに採り上げられ話題になることもあります。繰り返す電話や直接訪問，街頭活動，関係機関を経由しての圧力などがあり，人格を損なわせる行為など度を超して過剰になっている場合もあります。このため，クレーマー規制条例を制定している地方公共団体もあります。

　クレームや苦情については，真摯に対応しクレーム内容等を十分に聴き取り，可能な対応を適切に速やかにとることが必要です。事業者等においては，①相手の心情を理解する，②事実の確認を適切に行う，③解決策を提示する，④お詫びと感謝の念を忘れない，などに留意して，適切な解決を図ることが必要です。

(2) 紛争・苦情と公害紛争処理法

　上述の通り，騒音は法律や条例で規制されていますが，これらは，あくまでも強制的に規制する仕組みであり，この基準が守られれば騒音苦情がなくなるというものでもありません。規制基準以下であっても苦情が発生することを法令は想定していますし，そもそも規制されていない騒音については，当然，苦情や訴訟が発生することが考えられます。法律は，その前提にたち，紛争処理と苦情処理に

ついて仕組みを設けており，基本事項は「公害紛争処理法」に規定されています。

「公害紛争処理法」は，公害紛争等に係る一般法とされており，①紛争処理（紛争の調整機関の設置）のほか，②苦情処理（各地方公共団体に公害苦情相談員を設置），について原則が定められています。紛争の調整については，当初の「騒音規制法」などに和解のあっせんについての規定が存在していましたが，現在では，この「公害紛争処理法」に統合されています。なお，後述しますが，紛争と苦情とは異なる概念であることに注意してください。

（3）紛争と苦情

騒音問題が起きると，紛争なのか苦情なのか，若干混乱する場合があります。法律上は，紛争処理と苦情処理は明確に異なっています。この紛争処理と苦情処理の相違について，表に示す考え方により制度がつくられており，紛争処理を典型七公害で相当範囲にわたるものとしていることや苦情処理を市町村と都道府県で分担することなどに特色があります。

区分	説　明
紛争処理	① 典型七公害で、相当範囲にわたるもの。 ② 身体的被害のほか、財産上の被害、精神的被害をふくむ。
苦情処理	① 典型七公害に限るものではない。 ② 単なる「相隣関係的なもの」を含むとする。 ③ 市町村と都道府県で分担し、国等への要請を含む。

紛争処理と苦情処理

紛争処理については，国の機関である公害等調整委員会と都道府県の機関である公害審査会が設けられています。一般に紛争は，裁判所に訴えることで解決が図られますが，日数のかかることや専門的事項が多いことなどから，裁判外手続制度（ADR）として紛争の調整機関が設けられています。

このうち，国の公害等調整委員会は，重大事件，広域事件，県際事件を担当するほか，裁定（責任裁定，原因裁定）および義務履行勧告を所掌しています。一方，都道府県の公害審査会が所掌している事務は，あっせん，調停，仲裁であり，裁定は所掌していません。そのため，比較的小規模の案件においても裁定を求める案件については，国の公害等調整委員会が分担することになっており，とくに騒音等にかかる事案が急増しているのが最近の状況です。

ここにおいては，公害の専門的知識が必要な場合に専門委員が審査に参加することになっています。この公害等調停委員会等における騒音調査などは，公費で

78 / 第4章 騒音問題の解決

行われるため，比較的費用が安いなど多くのメリットがあります。しかし，あくまでも広域的な事案 (複数の被害者) が前提となっており，最近増加している隣家間の騒音問題などに即応するには課題もあります。

（4）苦情処理

公害紛争処理法には，上記の紛争処理のほか苦情処理についても規定されており，苦情処理の原則について，次の表のように定められています。具体的には，この苦情処理については，いわゆる典型七公害に限るものではないとしており，新たな公害や従来にはなかった事例の把握に留意すべきものとされています。

---

1 住民の相談に応ずること。
2 苦情の処理のために必要な調査、指導及び助言をすること。
3 関係行政機関への通知その他苦情の処理のために必要な事務を行うこと。

苦情処理の原則

ここに規定された公害苦情相談員の任命については，具体的な規程や訓令によりポスト指定を行っている地方公共団体もありますが，特段の規程を有していない場合もあり，公害苦情相談員の事務を「事実上の行政事務」として実施している場合が多くあります。ただし，いずれの場合も，地方公共団体の職員が苦情陳情に対処することには変りありません。なお，この公害苦情相談は，騒音規制法の具体的事務とは異なり，市町村職員のほか都道府県職員もこの任にあたるとされている点，すなわち2段階の制度である点に注意する必要があります。

（5）問題解決の手法

① 紛争の解決手段

相手側との個別の交渉や地方公共団体への相談と行政指導により騒音問題が解決すれば好ましい限りですが，時としてこじれることもあります。この場合は，公害紛争として，表に示すように，裁判手続きまたは裁判外手続き (ADR) で処理されるのが通例です。

事項	特　徴
裁判手続き	①金銭賠償請求、②差止め請求、③民事調停
ADR	①公害紛争処理法の手続き、②弁護士会の紛争処理機関、③その他

裁判手続きと ADR

② 裁判手続き

紛争解決のもっとも一般的な手法は，司法等による解決，すなわち訴訟等となります。これについては，通常は金銭賠償請求と差止め請求として裁判所に訴えることになります。ただし，近隣問題の場合は，裁判所から和解が勧められる事も多く，当事者間で具体的な協議が進められることになります。なお，裁判所に直接民事調停を訴えることも行われますが，この場合は，裁判所の指定した調停委員により当事者間の話し合いが行われます。

③　ADR(裁判外手続き)

司法手続による金銭賠償請求や差止め請求などによる解決は，一般の住民にとって時間，費用ともに大きな負担となり，集団訴訟等でなければ通常は選択しづらい仕組みです。判決以外の解決としては，民事調停法に基づく解決もありますが，証拠収集や弁護士費用など一定の金銭が必要であり，必ずしも多用されていません。

一方，ADR(裁判外手続き)による解決は，種々の紛争解決の手段として裁判の長期化を避けることなどから最近注目されている制度です。公害においては，「公害等紛争処理法」に基づき早くから公害等調整委員会等がADRとして導入されており，最近は騒音振動にかかる事件が非常に多くなっています。

④　騒音裁判の特徴

ここで過去の騒音裁判の特徴を簡単に整理すると表のようになります。

大規模訴訟が多い	騒音裁判には、鉄道、空港、道路などの公共機関を相手に争っている事例が多くあります。そこでは、長期化・複雑化が一般的で、何度も繰り返して起こされている例も多くなっております。
賠償額が低い	騒音裁判における金銭賠償額は、月額数千円であり、特別な事例以外は万円の単位にはなりません。これでは、裁判を提起するのが困難で、弁護士も引き受けたがらないといわれております。
証明が困難	騒音は、試料としての保存が困難で、調査分析に相当の経費がかかり、証明自体も難解であります。一般の人は、通常は騒音測定機器も持ち合わせておらず、調査証明が著しく困難であります。
義務が履行されない	和解などにより一定の結論が出されても、その義務を履行しない場合や、技術的、資金的理由をあげて最終決着まで時間がかかる例も多くあります。

騒音裁判の特徴

とくに生活騒音のような近隣問題では，司法による解決が避けられる傾向にあり，社会正義のためには平易，短時間で解決するADRの拡充が求められていま

す。さらに，騒音は技術的な知識が不可欠であり，関係者が気楽に相談できる仕組みも考えていく必要があります。

> 騒音に悩んだ場合は，まずは地方公共団体に相談することじゃな。これを法律では，苦情処理と呼んでおり，これで解決が図れない場合には，法律に基づく公害紛争処理や裁判等によることになるんじゃ。

3 騒音対策

紛争処理であれ苦情処理であれ，具体的には何らかの騒音対策を実施することが必要になります。これについては，特効薬はありませんので，個別案件ごとに具体的な措置を検討することになります。第3章でも若干記述しましたが，もう一度整理しておきます。

(1) 音源・伝搬経路・受音点での対策

すでにいろいろな騒音の中で対策についても簡単にふれましたが，ここでは，全体を整理しておきます。騒音については，音源・伝搬経路・受音点での対策に区分して考える事が基本です。これについて，次の表に整理しました。もちろん，このほかにも住居の移転，発生源の移転，時間規制，金銭的賠償なども対策と言えますが，ここでは除外しておきます。

音源対策	低騒音型設備に改修，囲い込み（エンクローズ），作業法等の改良
伝搬経路対策	セットバック（距離を離す），防音塀，緩衝建築物
受音点対策	住居の改修，防音サッシ等

騒音対策の区分

このなかで，とくに重要なのは音源での対策であり，低騒音の機器開発や防音・防振対策の充実が求められます。また，工場などにおける設置型の音源については，囲い込み（エンクローズ）が効果的と考えられています。騒音政策としては，低騒音型の機器について推奨し開発を促すことが重要になります。建設作業機械における低騒音型・低振動型建設機械の認定制度，空調冷凍工業会におけるラベ

リング制度，家電メーカーにおける夜カジ家電 (静音家電)，空調協会の室外機の設置基準，など業界団体を含みながら徐々に対応は進んでいます。

なお，EU においては，EC 騒音放射指令に基づき，外部設置の機器についての騒音ラベリング制度がすでに実施されており，EU のホームページを開くと各製品の騒音値が公開されています。これにより，屋外で使用する機器について必要な条件を満たす，より優れた製品の開発を促しています。

また，伝搬経路の対策としては，防音塀の設置などがしばしば行われます。最近，幹線道路などで新型防音塀を見かけることが多いと思われますが，道路用のみならず工場用などでも効果的な防音塀の開発も進んでいます。

これらの措置においても騒音対策が不十分な場合には，受音点での対策が実施されます。すなわち，住居側での対策であり，吸音，遮音等により騒音の低減を図ることです。航空機騒音や道路交通騒音については，法令により民家防音工事助成が実施されており，音源対策が効果をあげるまでは，次善の対策として効果的です。とくに，最近増加している高層住宅などにおいては，高速道路や鉄道から騒音が直達する事が多く，この場合は伝搬経路での対策はきわめて困難であり，住居側での対策が不可欠になります。

（2）建設作業騒音の対策

最近苦情の多い建設作業騒音の対策を次の表に整理しました。騒音が感覚公害

（ソフト的対策）	（ハード的対策）
① 特定建設作業の届け出	① 低騒音・低振動型機械の使用
② 現場責任者の選任と巡回点検	② 防音シート・パネル使用
③ 下請け業者への研修指導	③ 高騒音・高振動を発生する工法の不採用
④ 騒音振動の測定・公表	④ 建設機械等の作業位置等の注意
⑤ 騒音振動発生時の対応と避難措置	⑤ ポンプ・発電機等の設置位置の注意
⑥ 作業時間の注意	⑥ 機械の丁寧な操作とメンテナンス
	⑦ 複数機械の同時使用の回避
	⑧ 車両（資材搬入等）ルートへの注意
	⑨ 車両の低速運転と場内通路の平坦化
	⑩ コンクリート等の落下防止
	⑪ 廃材処理の注意
	⑫ 足場等の解体時における落下処理禁止

建設作業騒音・振動の対策

82 / 第4章　騒音問題の解決

であることは何度も記述しましたが，建設作業騒音についても手順をふみ周辺住民の理解を得ることが事業者にとって何よりも必要なことです。ここでは，ソフト的対策とハード的対策に区分して整理しましたが，きちんとした対応が後々まで影響することを事業者は認識しなければいけません。

　最近とくに苦情が多くなっている解体作業については，市区町村で要綱などを定めている場合も多くあり，　届出と指導，　説明会の開催，　表示，などが定められています。なお，上記の表は，建設作業が時限的であることを前提に整理したものですが，建設作業が長期にわたり時限的でない場合については，より十分に注意されなければなりません。

（3）工場・事業場騒音の対策

　工場・事業所の設備等からの騒音は，従来に比べれば改善されつつあります。しかしながら，出入りのトラックなど機械設備以外からの騒音苦情が生じています。この工場・事業所においても手順をふみ周辺住民の理解をえることが事業者にとって何よりも必要なことです。次の表に対策を整理しましたが，きちんとした対応が求められます。さらに，公害防止管理者の設置が必要な事業者は，きちんと選任して必要な対応を行わせることが求められます。

（ソフト的対策）	（ハード的対策）
①　公害防止管理者等による巡回点検	①　低騒音・低振動の設備導入
②　騒音振動値の定期計測	②　屋外設備・機器の設置場所への留意
③　近隣住民とのコミュニケーション	③　資材等の運搬，積み下ろしの注意
④　遮音対策などの点検・保守の実施	④　過剰なスピーカー音等の防止
⑤　夜間操業の配慮	⑤　工場内車両のスピード制限
	⑥　窓，ドア等の開放についての注意

工場事業所の騒音・振動の対策

　これらのうち，公害防止管理者の選任については，コンプライアンスと環境にやさしい事業活動という点からきちんと守られる必要があり，適切に指導が行われなければなりません。

（4）道路交通騒音の対策

①　単体規制の推進

　道路交通騒音は，最大の騒音問題であり，いろいろな対策がとられてきました。最近は，低騒音型舗装も広く実用化され普及しています。また，「騒音規制法」の許容限度の改正が逐次行われることにより，自動車単体の騒音は小さくなってき

ています。

　逆にハイブリット車や電気自動車については，車両からの騒音が小さいため危険と感じるとユーザーや視覚障害者団体から意見があり，国土交通省で「ハイブリット車等の静音性に関する対策のガイドライン」がつくられています。しかしながら道路交通騒音は依然として高いレベルの騒音であることは変らず，大型車などの対策は一層の推進が望まれています。また，改造マフラーによる著しい騒音については，交換用マフラー認証制度が発足し，また，二輪車規制手法の改善も実施されており効果が期待されています。

② 沿道環境の改善

　道路からの騒音は，ほとんどが自動車からのものですが，道路という施設全体からみて評価するのが道路交通騒音です。これに対する環境基準としては「騒音に係る環境基準」のうち道路に面する地域の基準が，規制基準としては「騒音規制法」の要請限度が定められています。道路交通騒音の対策としては，道路等の改修，土地利用規制，交通規制，防音工事などが実施されますが，交通量の増大とともに基準の達成はきわめて困難な状況にあり，「幹線道路の沿道の整備に関する法律」の改正など対策の整備も図られており，これらを通じて，土地利用の検討や道路沿道の改良なども進める必要があります。

③ 緩衝地帯や緩衝建築物の誘導

　自動車の騒音，振動，排気ガスは，道路から遠ざかるにつれて低減するため，道路と沿道の居住地域の間に，環境施設帯の設置が行われ，この緩衝地帯をバッファーゾーンと呼んでいます。

　また，幹線道路などの後背地における道路交通騒音の低減化のため遮音上有効な機能をもつ建築物 (群) の設置も行われており，緩衝建築物 (バッファービル)と呼ばれています。これは，道路沿道に設置した建築物 (群) で，防音壁のように道路交通騒音の遮音を実現しようとするもので，10dB 以上の効果が認められたと報告されています。なお，個別の建築物でなく群れで建築することが効果的であり，大きなすき間が生じないようにする，すなわち間口率を小さくするために，たとえば環状七号線沿道の各区では，建築物制限条例が制定され規制が実施されています。

④ 舗装技術の改良

　最近一般化したものですが，低騒音舗装と呼ばれる多孔質舗装は，路面の雨水等を除去して，安全走行を確保するとともに，騒音低減化機能ももつことから普及しています。幹線道路等では，不透水層 (基層) の表層に空隙率の大きいポー

84 / 第4章 騒音問題の解決

ラスアスファルトの舗装を行うことで空隙を作り，これによりタイヤ騒音を減らす仕組みです。これらについても一層の技術開発が求められます。

⑤ 交通量対策

道路交通騒音は，交通量と速度に大きく依存しています。そのため，交通量削減の施策が求められており，公共交通機関の利用や合理的な輸送システムの採用が推進されてきました。速度については，平均速度が $10\,\mathrm{km/h}$ あがると騒音レベルが数 dB 上昇しますので，夜間などにおいては，制限速度が遵守されることが求められます。

第5章　良好な生活環境

1　交通騒音問題

　騒音のうち交通騒音については，影響する範囲が大きいことやレベルが高いことから積極的な対応が求められます。個別の単体からの騒音については，技術発展により徐々に騒音レベルが下がってきています。しかしながら，住宅が密集立地した我が国の都市部では，防音塀の設置など伝搬経路における対策にも限界があり，未だに騒音レベルの高い住宅地が多くあります。そこで，次善の策としては，騒音の高い地区での建築制限や防音性能の向上なども必要な施策となります。

　たとえば，新幹線や高速道路の設置時には，畑や林地であったところが，いつのまにか住宅地が開発され騒音問題が起っている事例なども多くあります。そこで，騒音レベルの高い地区における土地利用制限や建築制限を行うことが考えられます。少なくとも，環境騒音の現況や建築物の防音性能などについて開示して，住宅等を購入する人に提供することが求められます。この住宅性能の表示は，一種の住宅ラベリングであり，一部では，任意に実施されておりますが，これが制度として広まることが必要です。

2　生活騒音問題

　一般の日常生活に起因する騒音を生活騒音と呼んでおり，最近は騒音苦情の相当分を占めています。具体的には，①家庭用機器・住宅設備・音響機器などの機器からの騒音，②会話や子供の声など通常の生活行動により発生する騒音,，③室内の足音・子供の飛び跳ね・扉の開け閉めなどの建物にかかる音，④その他ペット・風鈴・バイクの空ぶかし，などが考えられます。

　これらの生活騒音は，表に示すとおり，①住民が被害者にも加害者にもなる，②発生場所や時間が不特定である，③騒音レベルが低くても苦情が発生する，④

86 / 第5章　良好な生活環境

騒音レベルとその影響の関係が必ずしも明らかでない，という特徴があります。

区　分	特　徴
住民が被害者にも加害者にもなる。	空調機器騒音のように相互に発生源がある場合が多い。特に住宅密集地では、隣家の近くに設置されますことが多く容易に被害者にも加害者にもなる。
発生場所や時間が不特定である。	始業、終業の時間が定まっています工場等と異なり、発生時間が不定期であります。特に家庭用機器などや音響機器などは、夜間の発生も多く騒音苦情になり易い。
騒音レベルが低くても苦情が発生する。	一般に住宅地の環境騒音は低く、特に夜間は静かな地域が多い。一方、最近は家庭用設備が充実し、夜間電力の利用など睡眠時間に一定の騒音を発する場合が多い。
騒音レベルとその影響の関係が必ずしも明らかでない。	一般に近隣にかかる問題は、騒音レベルのほかに生活の仕方、ペットの飼育、近所付き合いなど生活全般に対する苦情が複雑に絡まっています場合が多い。

生活騒音の特徴

　生活騒音の規制について，地域住民は「地域の話し合い等により解決すべきだ。」という意見が一般的に多く，家庭用設備機器の騒音ラベリング制度，遮音性能による住宅ラベリング制度など規制以外の手法も活用して，より良好な生活環境を誘導する施策が優れていると考えられています。すなわち，生活騒音問題は，法令規制という手段だけではなかなか解決しないもので，今後は，規制のほか種々の誘導施策を組み合せた騒音政策が環境対策として重要です。

3　都市生活と心づかい

　騒音問題は，細かな人間関係を含んでいる場合も多く，我が国の都市生活などでは，住む人の互いの心づかいこそがいたずらに騒音問題を発生させないために重要です。騒音計等の数値だけを問題にしても，解決に至るのはきわめて困難であり，互いの心づかいがあってこそ良好な都市生活が維持されます。とくに，発生源側となる住民は，それなりの配慮を常に心がける生活習慣を身につけることが重要です。次頁に，注意すべき都市生活と心づかいについて示しました。

　これらの注意事項については，地域住民が互いに留意しながら，家庭用機器等のメーカーにおいては，さらなる低騒音製品の開発が求められます。また，最近の生活様式は夜型が増加しており，より騒音苦情が生じやすくなっています。省エネなどの理由から窓を開け放って睡眠をとりたくても，幹線道路からの騒音や

都市生活では互いの心づかいが不可欠であり、良好な近隣関係に留意しましょう。

① ステレオ、ピアノなどについては、聞きたくない人にとっては騒音以外なにものでもない点に留意し、設置する部屋に遮音対策等を実施して使用する。
② クーラーやボイラーなど屋内の住民にとっては好ましい設備であっても、室外機などが近隣に迷惑をかける場合が多くあり、設置位置や防音対策を十分に施す。
③ 普段から近隣の人と仲良くし、子供のさわぎ、増改築等の工事、パーティーや催し、引っ越しなどにおいては、必ずあいさつを励行する。
④ 夜間においては、戸や窓を閉めて、テレビ、ステレオ、話し声などが外部に漏れないように配慮する。
⑤ 集合住宅においては、室内を走り回ったりせず静かに歩き、戸や家具の開閉についても乱暴に取り扱わず静かに使用する。
⑥ 集合住宅では、特に深夜の騒音発生に注意し、入浴、台所作業、掃除など、給排水を伴う作業は、夜間には行わない。

都市生活と心づかい

近くのコンビニなどからの車の出入りや客の嬌声でうるさいといった苦情が多いことに注意しなければなりません。

4　騒音問題とまちづくり

　我が国など成熟した社会においては，環境に配慮された良好な都市環境が求められるのはいうまでもありません。騒音は感覚公害であり，地域の住民にとって気になる公害の代表です。この騒音問題において，原因として交通機関の占める割合が高いのはいうまでもありません。しかしながら，発生源対策として，交通インフラの整備はいつでもできるものではなく，時間もかかるもので，都市改造などの機会をとらえて実施されなければなりません。

　そこで環境省においては，平成18年に環境の街作り検討会の報告を公表しま

これからの街づくりでは、騒音問題も重要な要素であり、大規模なインフラ整備にあわせて必要な都市施設の改良を行うことが求められるんじゃ。

した。ここでは，①都市更新の時代，②都市更新の機会をとらえた「環境ニーズ」の実現，③街づくりに感覚環境のデザインセンスを入れ込む，④問題対応型ではなく環境設計型の対応，環境主導・住民主導の街作り，の5点をあげて今後の都市更新への対応を求めております。最近は，耐用年限のきた交通インフラの更新，高層建築物の建て替え，震災対策の実施など都市更新の時代に入っております。ここにおいて，騒音にかかる環境ニーズをまちづくりに入れ込む絶好の機会が到来したとして期待を高めなければなりません。

◎おわりに

　この本では，騒音問題についてできるだけ平易な解説を心がけました。始めて騒音に関心をもっていただいた皆様に満足していただけたかは，心配でありますが，詳しいことは専門書をご覧いただきたく思います。

　最近の騒音に関する苦情をみると，いろいろな統計により公表されていますが，全体的には依然として増加しており，大きな環境問題であることに変りありません。時として軽くみられる騒音問題ですが，多数の人が悩んでいる課題であり，一層の取り組み強化が求められます。静穏な環境の創造は，環境を重視する我が国としての重要な課題であり，騒音政策の体系的な確立が国民の求めるところと考えられます。

　また，最近苦情の多い騒音問題はだれでも「被害者にも加害者」にもなり得る課題であります。いたずらに紛争を増加させないために，互いに心づかいに注意することも求められています。

　本書により騒音についての関心をもっていただき，少しでも住みやすいまちづくりにお役に立てば幸いに存じます。

2016年　晩秋

末岡 伸一

Dr.Noise の『読む』音の本

環境騒音のはなし   定価はカバーに表示してあります.

2018 年 9 月 20 日　1 版 1 刷　発行　　　　　　ISBN978-4-7655-3465-9 C1036

編　者　公益社団法人日本騒音制御工学会

著　者　末　岡　伸　一

発行者　長　　滋　　彦

発行所　技 報 堂 出 版 株 式 会 社

〒101-0051 東京都千代田区神田神保町 1-2-5
電 話　営業　(03) (5217) 0885
編集　(03) (5217) 0881
日本書籍出版協会会員　　　　　　　　　　　　　FAX　　(03) (5217) 0886
自然科学書協会会員　　　　　　　　　　　　　振 替 口 座　00140-4-10
土木・建築書協会会員　　　　　　　　　h t t p : / / g i h o d o b o o k s . j p /
Printed in Japan

ⓒ Institute of Noise Control Engineering of Japan *et al.*, 2018

キャラクターデザイン　武田　真樹
イラスト　山本アカネ　装幀　冨澤崇／印刷・製本　三美印刷
落丁・乱丁はお取替えいたします.

JCOPY ＜出版者著作権管理機構 委託出版物＞
　本書の無断複写は著作権法上での例外を除き禁じられています. 複写される場合は,
そのつど事前に, 出版者著作権管理機構 (電話 03-3513-6969, FAX 03-3513-6979, e-mail:
info@jcopy.or.jp) の許諾を得てください.